中国柳树

种质资源

图书在版编目（CIP）数据

中国柳树种质资源 / 王保松, 施士争主编. -- 北京:
中国林业出版社, 2018.11
（中国林木种质资源丛书）
ISBN 978-7-5038-9838-9

Ⅰ.①中… Ⅱ.①王… ②施… Ⅲ.①柳属－种质资
源－中国 Ⅳ.①S792.120.4

中国版本图书馆CIP数据核字(2018)第258489号

中国林业出版社·生态保护出版中心
责任编辑：刘家玲

出版发行：中国林业出版社（100009　北京西城区德内大街刘海胡同7号）
网　　址：http://lycb.forestry.gov.cn
E-mail：wildlife_cfph@163.com
电　　话：（010）83143519
印　　刷：固安县京平诚乾印刷有限公司
版　　次：2018年12月第1版
印　　次：2018年12月第1次
开　　本：1/16
印　　张：16.25
印　　数：1～2000册
字　　数：450千字
定　　价：220.00元

中国林木种质资源丛书

国家林业和草原局国有林场和种苗管理司 ／ 主持

中国柳树种质资源

ACTINIDIA GERMPLASM RESOURCES
IN CHINA

◆ 王保松　施士争 主编

Wang Baosong　Shi Shizheng

中国林业出版社

China Forestry Publishing House

序

　　林木种质资源是林木遗传多样性的载体，是生物多样性的重要组成部分，是开展林木育种的基础材料。有了种类繁多、各具特色的林木种质资源，就可以不断地选育出满足经济社会发展多元化需求的林木良种和新品种，对于发展现代林业，提高我国森林生态系统的稳定性和森林的生产力，都有着不可估量的积极作用。切实搞好林木种质资源的调查、保护和利用是我国林业一项十分紧迫的任务。

　　我国幅员辽阔，地形复杂多样，造就了自然条件的多样性，使得各种不同生态要求的树种以及不同历史背景的外来树种都能各得其所，生长繁育。据统计，中国木本植物有9000多种，其中乔木树种2000多种，灌木树种6000多种，乔木树种中优良用材树种和特用经济树种达1000多种，另外还有引种成功的国外优良树种100多种。这些丰富的树种资源为我国林业生产发展提供了巨大的物质基础和育种材料，保护好如此丰富的林木种质资源是各级林业部门的历史使命，更是林木种苗管理部门义不容辞的责任。

　　国家林业局国有林场和林木种苗工作总站（现国家林业和草原局国有林场和种苗管理司）组织编撰的"中国林木种质资源"丛书，是贯彻落实《中华人民共和国种子法》和《林木种质资源管理办法》的重大举措。"中国林木种质资源"丛书的出版集中展现了我国在林木种质资源调查、保护和利用方面的研究成果，同时也是对多年来我国林业科技工作者辛勤劳动的充分肯定，更重要的是为林木育种工作者和广大林农提供了一部实用的参考书。

　　"中国林木种质资源"丛书是以树种为基本单元，一本书介绍一个树种，这些树种都是多年来各省在林木种质资源调查中了解比较全面的树种，其中有调查中发现天然分布的优良群体和类型，也有性状独特、表现优异的单株，更多的

是通过人工选育出的优良家系、无性系和品种。特别是书中介绍的林木良种都是依据国家标准《林木良种审定规范》的要求，由国家林业局林木品种审定委员会或各省林木品种审定委员会审定的，在适生区域内产量和质量以及其他主要性状方面具有明显优势，是具有良好生产价值的繁殖材料和种植材料。

"中国林木种质资源"丛书有以下5个特点：一是详细介绍每类种质资源的自然分布区域、生物学特性和生态学特性、主要经济性状和适生区域，为确定该树种的推广范围和正确选择造林地提供可靠的依据；二是介绍的优良类型多、品种全、多数优良类型和单株都有具体的地理位置以及详细的形态描述，为林木育种工作者搜集育种材料大开方便之门；三是详细介绍这些优良种质资源的特性、区域试验情况和主要栽培技术要求，对于生产者正确选择品种和科学培育苗木有着很强的指导作用；四是严格按照种子区划和适地适树原则，对每个类型的林木种质资源都规定了适宜的种植范围，避免因盲目推广给林业生产带来不必要的损失；五是图文并茂，阐述通俗易懂，特别是那些优良单株优美的树形和形状奇异的果实，令人赏心悦目，可以大大提高读者的阅读兴趣，是一部集学术性、科普性和实用性于一体的专著，对从事林木种质资源管理、研究和利用的工作者都具有很好的参考价值。

2008 年 8 月 18 日

柳树是柳属（*Salix* L.）和钻天柳属（*Chosenia Nakai*）树种的统称，是温带最速生的树种，具有分布广、适应性强、易于扦插繁殖的特点，柳树作为生态防护、生物修复、生物能源、速生用材、园林景观、柳编工艺、食品药品等多功能树种，具有广泛而重要的生态经济价值。尤其在当今世界人口、资源与环境矛盾日益突出的情况下，柳树的应用越来越受到国内外的广泛重视。

柳树主要分布在北半球温带地区，我国是世界柳树分布的中心，各省区均有柳树分布。根据《中国植物志》（1984）记载，我国共有柳树野生种257种，122变种，33变型。柳树适应性强，无论是沼泽、沙地、盐渍化土地，还是山地、低洼低湿区域，均有柳树自然种分布，一些柳树更是在耐水湿、耐干旱、耐盐碱，以及抗重金属污染、抗大气污染等方面有着卓越的表现。系统开展柳树种质资源的收集、保存与测定研究是柳树开发应用的基础，对柳树良种选育、栽培技术研究等都具有重要的意义。

本书以江苏省林业科学研究院柳树种质资源的研究成果为基础，进一步收集了山东、黑龙江、陕西等我国主要从事柳树种质资源研究的科研、生产单位的柳树良种、新品种和优良无性系资源，将我国现有人工保存的柳树种质资源进行了比较系统的归纳和汇编。全书分为总论（上篇）和中国主要柳树种质资源（下篇）两部分。上篇分四章，第一章概述了柳树的特点与用途，中国柳树的起源与栽培历史，中国柳树的利用现状；第二章介绍了中国柳树种质资源的分类和分布情况；第三章介绍了中国柳树种质资源的收集保存与共享；第四章介绍了中国柳树种质资源的测定评价、中国柳树遗传改良及分子生物学在柳树种质资源研究中的应用。下篇分为四章，分别介绍了中国主要野生种质资源，从国外引进

的主要柳树种质资源及商业品种，已通过国家和省级审（认）定的柳树良种和获得授权的柳树新品种，并介绍了柳树杂交优良无性系。本书共介绍具有较高利用价值的中国柳树自然种23个（含87个无性系）；引进国外的柳树自然种15个（含60个无性系），商业品种8个；我国选育的柳树良种和新品种51个，其中速生乔木柳良种和新品种20个，高生物量灌木柳良种17个，观赏柳树良种14个；柳属种间及柳属与钻天柳属属间杂交种32个（含124优良无性系），其中乔木柳种间杂种12个（含75个无性系），灌木柳种间杂种16个（含33个无性系），乔木柳与灌木柳种间杂种3个（含12个无性系），柳属与钻天柳属属间杂种1个（含4个无性系）；辐射育种无性系1个。

本书得到国家林木种质资源保护专项经费的资助，是在国家林业和草原局国有林场和种苗管理司的支持和指导下完成的。本书的编写工作由江苏省林业科学研究院牵头，编委会由江苏省林业科学研究院、江苏省林木种苗管理站、西北农林科技大学、山东省林木种质资源中心、黑龙江森林与环境研究院、山东一逸林业发展有限公司等单位从事柳树种质资源研究的专家组成，本书内容以编委会专家自主研究成果为主体，参考了国内外相关资料汇编而成。全书分上、下两篇，共8章，其中第一章由教忠意、韩杰峰、卢克成整理；第二章由韩杰峰、王红玲、教忠意整理；第三章由施士争、仲磊整理；第四章由何旭东、黄瑞芳、周洁整理；第五章由王保松、黄瑞芳、隋德宗整理；第六章由王保松、黄瑞芳、王伟伟整理；第七章苏柳良种及新品种由王保松、黄瑞芳、王伟伟整理，山东柳树良种和优良无性系由解孝满、焦传礼、栾凤福整理，黑龙江柳树良种由王福森整理，陕西柳树良种由何景峰整理；第八章柳树杂种优良无性系由黄瑞芳、王红玲、张珏、郑纪伟、徐永平整理。本书花序、果序及柳树全株照片由王保松、王伟伟拍摄。

在本书的编写过程中，江苏省林业科学研究院韩春花、姜开朋，南京林业大学唐凌凌硕士、王健林硕士、孙冲硕士、乔志攀硕士、田雪瑶博士，南京农业大学丁宁宁硕士参与部分柳树无性系的测定工作，镇江润州区林业技术指导站言燕华女士协助拍摄了部分花序照片，在此表示诚挚的谢意！

编著者

2018 年 12 月 12 日

目录 CONTENTS

序

前言

上篇　总论

■ 第一章　概论 /2

第一节　柳树的特点与用途 / 3

　　一、柳树的特点 / 3

　　二、柳树的用途 / 4

第二节　中国柳树的起源与栽培历史 / 9

　　一、中国柳树的起源 / 9

　　二、中国柳树的栽培历史 / 9

第三节　柳树利用现状 / 12

　　一、柳树工业用材林 / 12

　　二、柳树生态防护林和景观林 / 13

　　三、柳树园艺和工艺品原料林 / 14

　　四、柳树生物修复林 / 15

　　五、柳树生物能源林 / 15

■ 第二章　中国柳树种质资源的分类与分布 / 16

第一节　柳属植物的基本特征及系统分类 / 17

　　一、柳属植物基本特征 / 17

　　二、柳属系统分类简介 / 17

第二节　中国柳属分组及组间主要区别特征 / 20

第三节　柳树的分布 / 22

　　一、柳属植物分布区划分及其种群演化 / 22

　　二、中国柳树主要生态类型 / 23

　　三、中国柳树分布区 / 24

第四节　柳树在生产实践中的通俗叫法 / 26

■ 第三章　中国柳树种质资源收集保存与共享 / 28

第一节　柳树种质资源的收集与保存 / 29

　　一、柳树种质资源的收集 / 29

　　二、柳树种质资源的保存 / 30

第二节　柳树种质资源数据描述 / 31

　　一、国家林木种质资源共性描述 / 31

　　二、柳树种质资源个性描述 / 31

第三节　柳树种质资源信息共享 / 35

■ 第四章　中国柳树种质资源评价与创新 / 36

第一节　中国柳树种质资源评价 / 37

　　一、形态学评价 / 37

　　二、生长性状评价 / 38

　　三、木材性状评价 / 43

　　三、抗性性状评价 / 48

第二节　中国柳树遗传改良 / 55

　　一、柳树杂交的可配性 / 55

　　二、柳树遗传改良策略 / 58

　　三、柳树种质资源主要创新成果 / 59

第三节　分子生物学在柳树种质资源研究中的应用 / 63

　　一、柳树基因组分子机理研究 / 63

　　二、DNA 分子标记在柳树上的应用 / 64

下篇 中国主要柳树种质资源

■ 第五章 中国主要野生柳树种质资源 / 68

一、旱柳 / 69
　　旱柳 P16 / 69
　　旱柳 P29 / 69
　　旱柳 P30 / 70
　　旱柳 P31 / 70
　　旱柳 P32 / 71
　　旱柳 P33 / 71
　　旱柳 P34 / 72
　　旱柳 P35 / 72
　　旱柳 P37 / 72
　　旱柳 P42 / 73
　　旱柳 P44 / 74
　　旱柳 P45 / 74
　　旱柳 P48 / 75
　　旱柳 P57 / 75
　　旱柳 P58 / 76
　　旱柳 P89 / 76
　　旱柳 P168 / 77
　　旱柳 P174 / 77
　　旱柳 P188 / 78
　　旱柳 P192 / 78
　　旱柳 P193 / 79
　　旱柳 P259 / 79
　　旱柳 P306 / 80
　　旱柳 P424 / 80
　　旱柳 P426 / 81
　　旱柳 P443 / 81
　　旱柳 P456 / 82
　　旱柳 P457 / 82
二、馒头柳 / 83
　　馒头柳 P52 / 83
　　馒头柳 P442 / 83
　　馒头柳 P449 / 84
　　馒头柳 P460 / 84
　　馒头柳 P497 / 85
三、龙爪柳 / 85
　　龙爪柳 P54 / 85
　　龙爪柳 P505 / 86
　　龙爪柳 P506 / 86

龙爪柳 P511 / 87
龙爪柳 P520 / 87
龙爪柳 P521 / 88
龙爪柳 P832 / 88
四、垂柳 / 89
　　垂柳 P1 / 89
　　垂柳 P8 / 89
　　垂柳 P11 / 90
　　垂柳 P13 / 90
　　垂柳 P14 / 91
　　垂柳 P19 / 91
　　垂柳 P22 / 92
　　垂柳 P23 / 92
　　垂柳 P95 / 93
　　垂柳 P159 / 93
　　垂柳 P164 / 94
　　垂柳 P165 / 94
　　垂柳 P177 / 95
　　垂柳 P185 / 95
　　垂柳 P344 / 96
　　垂柳 P439 / 96
　　垂柳 P514 / 97
　　垂柳 P516 / 97
　　垂柳 P531 / 98
　　垂柳 P788 / 98
　　垂柳 P789 / 99
　　垂柳 P790 / 99
　　垂柳 P791 / 100
　　垂柳 P815 / 100
　　垂柳 P843 / 101
五、白柳 / 101
　　白柳 P416 / 101
六、南京柳 / 102
　　南京柳 P1039 / 102
七、腺柳 / 102
　　腺柳 P196 / 102
　　腺柳 P935 / 103
　　腺柳 P942 / 104
八、紫柳 / 104

紫柳 P92 / 104
紫柳 P94 / 105
紫柳 P880 / 105
九、长蕊柳 / 106
　　长蕊柳 P833 / 106
十、新紫柳 / 106
　　新紫柳 P343 / 106
十一、左旋柳 / 107
　　左旋柳 P845 / 107
十二、乌柳 / 108
　　乌柳 P752 / 108
十三、康定柳 / 108
　　康定柳 P751 / 108
十四、银叶柳 / 109
　　银叶柳 P384 / 109
十五、簸箕柳 / 110
　　簸箕柳 P61 / 110
　　簸箕柳 P1024 / 110
　　簸箕柳 P1025 / 111
十六、二色柳 / 112
　　二色柳 P294 / 112
十七、杞柳 / 112
　　杞柳 P63 / 112
十八、银芽柳 / 113
　　银芽柳 P101 / 113
　　银芽柳 P102 / 113
　　银芽柳 P103 / 114
十九、毛枝柳 / 114
　　毛枝柳 P126 / 114
二十、北沙柳 / 115
　　北沙柳 P485 / 115
二十一、卷边柳 / 115
　　卷边柳 P286 / 115
二十二、三蕊柳 / 116
　　三蕊柳 P105 / 116
二十三、钻天柳 / 116
　　钻天柳 P69 / 116

■ 第六章 中国引种的主要柳树种质资源 / 117

一、欧洲红皮柳 / 118
　欧洲红皮柳 P625 / 118
　欧洲红皮柳 P651 / 118
　欧洲红皮柳 P652 / 119
　欧洲红皮柳 P653 / 119
　欧洲红皮柳 P655 / 120
　欧洲红皮柳 P657 / 120
　欧洲红皮柳 P658 / 121
　欧洲红皮柳 P661 / 121
　欧洲红皮柳 P666 / 122
　欧洲红皮柳 P667 / 122
　欧洲红皮柳 P671 / 123
　欧洲红皮柳 P674 / 123
　欧洲红皮柳 P675 / 124
　欧洲红皮柳 P677 / 124
　欧洲红皮柳 P678 / 125
　欧洲红皮柳 P708 / 125
二、蒿柳 / 126
　蒿柳 P681 / 126
　蒿柳 P683 / 126
　蒿柳 P689 / 127
　蒿柳 P696 / 127
三、黄花柳 / 128
　黄花柳 P585 / 128
　黄花柳 P588 / 128
　黄花柳 P589 / 129
　黄花柳 P594 / 129

四、灰柳 / 130
　灰柳 P605 / 130
　灰柳 P936 / 130
五、毛枝柳 / 131
　毛枝柳 P601 / 131
六、钻石柳 / 131
　钻石柳 P715 / 131
　钻石柳 P716 / 132
　钻石柳 P717 / 132
　钻石柳 P718 / 133
　钻石柳 P719 / 133
　钻石柳 PE48 / 134
　钻石柳 PE50 / 134
　钻石柳 PE51 / 135
　钻石柳 PE53 / 135
　钻石柳 PE54 / 136
　钻石柳 PE55 / 136
　钻石柳 PE56 / 137
　钻石柳 PE57 / 137
　钻石柳 PE58 / 138
　钻石柳 PE60 / 138
　钻石柳 PE61 / 139
七、杞柳 / 139
　杞柳 P646 / 139
八、细柱柳 / 140
　细柱柳 P642 / 140
　细柱柳 P643 / 140
九、宫部氏柳 / 141
　PM76 / 141

　PM77 / 141
　PM78 / 142
　PM79 / 142
　PM80 / 143
十、粉枝柳 / 143
　粉枝柳 P625 / 143
十一、白柳 / 144
　白柳 P546 / 144
　白柳 P551 / 144
十二、黑柳 / 145
　黑柳 P428 / 145
　黑柳 P468 / 145
　黑柳 P728 / 146
十三、朝鲜柳 / 146
　朝鲜柳 P150 / 146
十四、阿根廷柳 / 147
　阿根廷柳 P154 / 147
十五、垂白柳 / 147
　垂白柳 P118 / 147
十六、柳树商业品种 / 148
　'SV1' / 148
　'SX61' / 148
　'S25' / 149
　'SX64' / 150
　'SX67' / 150
　'Fish Creek' / 150
　'Onondaga' / 151
　'Otisco' / 151

■ 第七章 柳树良种和授权新品种 / 152

一、速生乔木柳良种 / 153
　苏柳 172 / 153
　苏柳 194 / 153
　苏柳 485 / 154
　苏柳 795 / 154
　苏柳 797 / 155
　苏柳 799 / 156
　苏柳 932 / 156
　青竹柳 / 157
　垂爆 109 柳 / 158

　旱布 329 柳 / 159
　渤海柳 1 号 / 160
　渤海柳 2 号 / 161
　渤海柳 3 号 / 162
　旱快柳 / 163
　山东 4 号 / 163
　山东 6 号 / 163
　山东 12 号 / 163
　山东 16 号 / 163
　山东 9901 / 163

　盐柳 5 号 / 163
二、高生物量灌木柳良种 / 164
　簸杞柳 JW8-26 / 164
　杞簸柳 JW9-6 / 164
　苏柳 1701 / 165
　苏柳 1702 / 165
　苏柳 1703 / 166
　苏柳 1704 / 166
　苏柳 1705 / 167
　沙柳 '旱沙王' / 168

杞柳 ˋ丽白ˊ ／169

杞柳 ˋ红头ˊ ／170

杞柳 ˋ紫皮ˊ ／171

瑞能 C ／172

瑞能 D ／172

瑞能 E ／172

瑞能 4 ／172

瑞能 G ／172

瑞能 I ／172

三、观赏柳树良种 ／173

金丝垂柳 J1010 ／173

金丝垂柳 J1011 ／173

银芽柳 J887 ／174

银芽柳 J1037 ／174

银芽柳 J1050 ／175

银芽柳 J1052 ／175

银芽柳 J1055 ／176

苏柳 ˋ喜洋洋ˊ ／176

苏柳 ˋ迎春ˊ ／177

苏柳 ˋ雪绒花ˊ ／177

苏柳 ˋ瑞雪ˊ ／178

苏柳 ˋ紫嫣ˊ ／179

花叶柳 ˋTu Zhongyuˊ ／179

红叶柳 ／179

■ 第八章 柳树杂种优良无性系／180

一、乔木柳种间杂种

无性系 ／181

（一）垂柳 × 旱柳 ／181

71 ／181

152 ／181

219 ／182

281 ／182

283 ／183

287 ／183

322 ／184

391 ／184

577 ／184

922 ／185

924 ／185

928 ／186

930 ／186

1060 ／187

2078 ／188

2198 ／188

2199 ／189

2832 ／189

2837 ／190

2842 ／190

2843 ／191

2849 ／191

2850 ／192

（二）垂柳 × 白柳 ／192

801 ／192

2145 ／192

2305 ／193

2703 ／193

2705 ／194

2707 ／194

2708 ／194

2709 ／195

2712 ／195

（三）垂柳 × 垂柳 ／195

2468 ／195

（四）垂柳 × 爆竹柳 ／196

742 ／196

（五）旱柳 × 旱柳 ／196

354 ／196

383 ／197

424 ／198

483 ／198

597 ／198

598 ／199

699 ／199

736 ／200

743 ／200

755 ／201

2058 ／201

2136 ／202

2216 ／202

2828 ／203

（六）旱柳 × 白柳 ／203

760 ／203

777 ／204

785 ／204

791 ／205

792 ／205

856 ／206

862 ／206

865 ／207

1057 ／207

E84-1 ／208

E84-7 ／208

E84-10 ／208

（七）旱柳 × 垂柳 ／209

2089 ／209

2427 ／210

2453 ／210

2457 ／211

（八）旱柳 × 新紫柳 ／211

2321 ／211

（九）旱柳 × 大叶柳 ／212

17 ／212

（十）腺柳 × 垂柳 ／212

2480 ／212

2787 ／213

（十一）朝鲜柳 × 垂柳 ／213

2742 ／213

（十二）辐射育种无性系 ／214

744 ／214

（十三）复合杂种无性系 ／214

358 ／214

549 / 215

565 / 215

684 / 216

2499 / 216

2826 / 217

二、灌木柳种间杂种无性系 / 217

（一）簸箕柳 × 黄花柳 / 217

2533 / 217

2535 / 218

2656 / 218

2687 / 219

2688 / 219

（二）簸箕柳 × 蒿柳 / 220

2381 / 220

2376 / 220

2683 / 221

（三）簸箕柳 × 钻石柳 / 221

2702 / 221

2669 / 222

（四）簸箕柳 × 银芽柳 / 222

50–6 / 222

1047 / 223

（五）二色柳 × 黄花柳 / 223

2487 / 223

2599 / 224

2602 / 225

2659 / 225

（六）二色柳 × 欧洲
红皮柳 / 226

2396 / 226

（七）二色柳 × 银芽柳 / 226

2373 / 226

（八）二色柳 × 灰柳 / 227

2679 / 227

2680 / 227

（九）二色柳 × 耳柳 / 228

2547 / 228

2694 / 228

（十）二色柳 × 毛枝柳 / 229

2690 / 229

（十一）二色柳 × 钻石柳
/ 229

2700 / 229

（十二）钻石柳 × 银芽柳 / 230

2676 / 230

2654 / 230

（十三）黄花柳 × 杞柳 / 231

2413 / 231

2626 / 231

2631 / 232

（十四）欧洲红皮柳 × 黄花柳 / 232

2646 / 232

（十五）蒿柳 × 杞柳 / 233

2328 / 233

（十六）欧洲红皮柳 × 欧洲红皮柳 / 233

2521 / 233

三、乔木柳与灌木柳种间
杂种无性系 / 234

（一）垂柳 × 二色柳 / 234

833 / 234

（二）垂柳 × 杞柳 / 234

2854 / 234

2855 / 235

（三）复合杂种无性系 / 235

2555 / 235

2560 / 236

2562 / 236

2569 / 237

2577 / 237

31–22 / 238

2829 / 238

2830 / 239

2831 / 239

四、柳属与钻天柳属属间杂种无性系 / 240

钻天柳 × 垂柳 / 240

2744 / 240

2745 / 240

2755 / 241

2792 / 241

参考文献 / 242

中国柳树资源中文名称索引 / 244

|上篇　总论|

- 概论
- 中国柳树种质资源的分类与分布
- 中国柳树种质资源收集保存与共享
- 中国柳树种质资源评价与创新

第一章

概　论

第一节 柳树的特点与用途

一、柳树的特点

1. 柳树种类多，分布广，适应性强

柳树是杨柳目（Salicales）杨柳科（Salicaceae）柳属（*Salix* L.）和钻天柳属（*Chosenia* Nakai）树种的统称。柳树种类繁多，根据《中国植物志》（1984）的记载，全世界柳属树种共有520多种，是世界上自然种最多的木本植物之一。柳树主要分布在北半球温带地区，寒带较少，亚热带和南半球极少，大洋洲无野生种。我国有柳树野生种257种，122变种，33变型，各省区均有柳树分布。柳树分布广泛，从格陵兰岛（北纬79°）到乌拉圭、智利和好望角一带（南纬35°）均有分布；在我国从海拔-72m的吐鲁番盆地到海拔5400m的高原、山地均有柳树的身影。柳树适应性强，无论是沼泽、沙地、盐渍化土地，还是山地、低洼低湿区域，也均有柳树自然种分布，一些柳树更是在耐水湿、耐干旱、耐盐碱，以及抗重金属污染、抗大气污染等方面有着卓越的表现。如苏柳172耐水时间可达49.6天，垂柳更可长达56.13天；在地表温度60℃时，1m厚沙层中土壤含水量仅为2.28%，三年生沙柳生长高度仍可达1m以上；垂柳对10μmol/L镉胁迫有较强的吸收和忍耐能力；在模拟光照下，杞柳在48h内能去除水中约52.37%的2,4-二氯苯酚；垂柳在生长季节每月每公顷可吸收二氧化硫10kg，同时对氟化氢的抗性也较强。

2. 柳树易于杂交和扦插繁殖，造林成活率高

柳树是自然界最易于杂交的木本植物之一。柳树开始结实的年龄较早，结实量大，没有年周期现象，达到开花结实年龄后即可年年正常开花结实，加之有性繁殖产生的新个体具有丰富的遗传多样性，因此有性繁殖方式常用于杂交育种。杞柳等一些灌木柳第二年便开始开花结实，垂柳、旱柳等一些乔木柳第三年开始开花结实，少数第二年即可开花结实。垂柳一个果序即有种子160多粒，一株3年生的垂柳幼树可产种子50万~60万粒。而柳树水培容易的特点更增加了柳树室内枝上杂交的可操作性。

柳树也是最易扦插繁殖的木本植物，中国俗语中有"无心插柳柳成荫"的说法，这是因为柳树木质化的枝条具有芽和根原始体，在脱离母树后，一遇合适条件，根原始体即可长出不定根，汲取周围营养并长成新的个体。一般1年生粗约1cm已木质化的柳树枝条剪成长度10~15cm的插穗，春季扦插，土质适宜，管理得当，成活率可达100%。有研究表明，用苗高1.8~2.3m，地径1.5~2.0cm的苏柳172、苏柳194、苏柳795以及旱柳、白柳、准噶尔柳、旱快柳、三蕊柳、天水柳等造林，其成活率可达100%。

3. 柳树生长迅速，材质优良

柳树是温带和亚热带最速生的树种之一。平原地区适生的柳树，在适宜的营林方式下，其光能利用率一般都较高，光合效能强，营养物质积累增多，生长较快，尤其是早期速生的特点明显，生产上常利用柳树速生品种营建短周期工业用材林。苏柳172和苏柳194矿柱林在造林2年后即可得到塘材，轮伐期仅为3~5年。苏柳172、苏柳194、苏柳333、苏柳369丰产林造林后进行农林间作，幼林年均树高生长超过2m，胸径生长超过2~3cm，3年生平均树高7.98m，胸径9.12cm。苏柳172、苏柳194纸浆林5年生单株材积可达0.1m³，每公顷蓄积量达40多立方米。一些灌木柳同样生长迅速，在合理密植的情况下也能获得较高的生物量，如苏柳52-2在江苏大丰沿海含盐量0.2%，pH值为8.5的贫瘠立地条件下，株行距0.5m×0.4m，年均高生长可达2.4m，每年亩产柳条1.2t。柳树木质优良。柳木无特殊气味，洁白、质轻，且坚韧细致，不易劈裂，纹理也较为通直，容易切削，木材在干燥之后不易变形，易胶黏，且油漆性能好，其抗弯曲强度也较高，纤维素含量高。如苏柳308抗弯强度达1020(kg·f)/cm²[1(kg·f)/cm²=98066.5Pa]；2.5年生苏柳749的纤维素含量可达51.84%。

4. 柳树萌蘖性强，易于萌芽更新

柳树是最容易进行萌芽更新的树种之一。柳树是直

根系植物，其根系由主根和多级侧根组成，较为发达，其伐根地上部分的根原基数量较为丰富，根原基在适宜的条件下可以不断生长并形成新的植株，因此，柳树具有较强的萌蘗性，可一次造林多次砍伐。柳树萌条较多，它们依靠原有根系的养分供应迅速生长，这为柳树的萌蘗更新创造了良好的条件。一般一代林，尤其是灌木柳林，其柳条的分化较为严重，多次萌蘗更新可通过植株之间的竞争，使个体在空间上的分布变得更加均匀，提高其对空间和光能的利用效率。如乔木柳苏柳795插干造林苗繁育圃，株行距0.5m×0.4m，通过2～3次萌蘗更新，合格苗木出圃率仍可达到80%。又如灌木柳苏柳52-2生物质能源林，通过6～7次萌蘗更新，其亩均柳条产量仍可不下降。

5. 柳树枝叶富含营养

柳树是木本植物中营养最为丰富的树种之一。柳树枝条和叶片密集，枝条、叶片中含有多种营养成分，蛋白质含量较高，氨基酸组成较齐全，还含有多种维生素和多种微量元素。一些研究表明，每千克柳树鲜叶含碘约10mg，高于一般食物的含碘量；柳叶含粗蛋白质11.1%，粗脂肪2.11%，粗纤维11.96%，无氮浸出物54.13%，钙0.57%，磷0.08%；旱柳叶片中还含有多种黄酮类成分和水杨苷；黄花柳等一些柳树中还含有大量的鞣质以及原花青素等。

二、柳树的用途

1. 柳树是重要的生态防护树种

柳树具有治水保土、防风固沙、改良盐碱荒地的作用，是沙漠、水淹地和盐碱地绿化造林的先锋树种，对国土绿化有着重要的意义。

柳树治水保土作用显著。一些柳树具有特殊的淹水适应性生理机制，可以在水流交错带种植，由于枝干及水生根系能显著降低水流速率，减轻风浪对堤岸的冲击，因此，成为江河胡泊沿岸及水际沿线防风防浪、固土护堤的首选树种。据测定，淹水深度1.5m以上、密度为100株/亩、透风系数0.5的5年生柳树防浪林，能将7级风、2.1m高的江浪，降低到4级风力、浪高1.2m，有效地削弱了风浪对江堤的冲击。同时柳树根系发达，能固结土壤，大大降低水流对堤岸的淘蚀。利用柳树的治水保土作用，在河流、湖泊、水岸、渠道、沟谷等容易发生水土流失的地方，营造形式多样的柳树生态防护林，

可以消浪护堤、保持水土，在长江流域及以北地区各个省份多有应用。

柳树是优良的防风固沙树种。一些柳树，尤其是灌木柳具有很强的耐贫瘠、耐干旱能力，特别能耐沙埋，沙埋改变了柳树生长条件，促使大量不定根萌发，由于沉积的沙粒多为细沙，不仅增强了沙地持水力，而且增加了养分，在低湿的沙区常形成天然的"柳湾"，起到防风固沙和调节沙区滩地水分的作用，一定时期后可将荒漠沙地变为绿洲。固沙表现比较好的是北沙柳（*S. psammoplia* C. Wang et C. Y. Yang）。北沙柳不定根的萌发数量与沙埋程度成正比，沙埋越深，萌发不定根数量越多，柳树生长就越好，固沙效果就越显著。

柳树可以加速盐碱荒地的改良。在盐碱荒地栽植柳树能起到生物排水的作用，有效降低地下水位，脱盐效果显著。一株3～4年生高5m的旱柳，一年可蒸腾3.32m^{3}的水。根据新疆灌区测定，白柳与箭杆杨混交林带，6～8行林带两侧75～100m，地下水位降低0.2～0.7m，距林带10倍树高以内土壤耕作层含盐量减少一半，15倍树高减少22%。在江苏沿海中度盐碱土上，利用苏柳1053等耐盐灌木柳品种根系分布浅、耐水淹、郁闭快、可机械化操作等优点营建高密度、超短轮伐柳条林，一般2～3年可实现脱盐，不但可获得较高的干物质产量，还有助于控制地下水位，加速盐碱土壤改良。

2. 柳树是高效的生物修复树种

柳树根系发达，根系总量和根系吸收面积大，尤其是直径小于1mm的细根占比很高，微生物附着空间大，因此，柳树对土壤环境中的富营养物质、镉、汞、铅、铜、锌等多种重金属离子，以及酒精、苯等有机污染因子都具有较强的抗性和吸收能力，加之其轮伐期短、生长迅速，与常用的草本植物修复技术相比，具有资源化利用程度高的优点，因此成为较为理想的生物修复树种之一。目前，国内外已有不少利用柳树建立河滨缓冲带和植物过滤带用以控制面源污染、河流富营养化，以及土壤重金属或有机物污染修复的成功案例。

柳树是修复水体污染的优选树种。瑞典已成功将柳树矮林用于城市废水、垃圾沥出液、工业废水、下水道污泥和锯沫等处理，以此来减少水和土壤中的污染物，以及过多的养分，促进土壤微生物对有机污染物的降解。美国学者通过12年的研究发现，污水通过杨柳树为主的缓冲带后，沉淀物减少90%，N和P总量减少80%；地下水中N含量减少90%。英国南部很多农场利用柳林净

化污水，可去除生活污水中 85% 的 N、P，污水排放达标。湖北大学利用柳树浮床控制水体富营养化的试验表明，在种植密度为 12.5 株 /m² 的浮床上，2 年内，每平方米柳树浮床能将 34.2t 的水从 V 类水质净化为Ⅲ类水质（以总磷为污染物计）。国外学者研究表明，在 7 天内，柳树插条可使水中的酒精和苯浓度降低 99% 以上。

柳树对受重金属污染的土壤有很强的修复能力。国外研究表明，经过 3 年柳树栽培，土壤中 Ni、Cd、Cu、Zn、Pb 的总浓度分别降低到原来的 50%、32%、50%、22% 和 61%。在 Cd 含量为 8 mg/kg 左右的试验地，蒿柳（_S. viminalis_ L.）每年能从污染土壤里吸收 Cd 216.7g/hm²。

柳树还具有吸收有毒气体和净化空气的功能，尤其对二氧化硫和氟化氢具有较强的抗性，是优良的防治空气污染的绿化树种。据测定，1hm² 垂柳（_S. babylonica_ L.）在生长季节每月可吸收 10kg 二氧化硫。二氧化硫熏蒸试验表明，垂柳和旱柳（_S. matsudana_ Koidz.）均为抗性一级，是最抗二氧化硫的树种。

3. 柳树是高产的生物能源树种

由于柳树具有生物量大、燃烧值高、收获周期短、耐储存和方便机械作业等优势，在生物能源领域备受瞩目，美国、加拿大、欧盟等发达国家已经广泛培育柳树生物能源林。利用休闲农田培育柳树生物能源林，年均生物量可达到干重 13.9 t/hm²，远远高于其他树种。利用柳树收获物加工固体成型燃料，或者用柳条粉碎物与煤炭混合发电，不但节约煤炭用量，而且可以降低污染 50% 以上。目前，发达国家已形成成熟的柳树生物质能源产业链，瑞典拟利用柳树生物质发电逐步替代核能发电。

柳树生物能源林培育面积最大的是沙柳，利用沙漠土地资源生产沙柳，用于生物质发电成为我国西部地区发展沙柳产业、治理荒漠的可行途径。沙柳的热值是农作物秸秆的 1.3 倍，与褐煤相当，2 吨沙柳的发热量至少相当于 1 吨标准煤，同时，沙柳具有枝条硬度高、水分少、粉碎简便、灰熔点高、对设备的腐蚀性低等多个优点，比煤炭和秸秆发电更为清洁和经济。

4. 柳树是优美的园林观赏树种

柳树是国内外著名的园林观赏树种之一，利用柳树进行城乡绿化具有悠久的历史，形成了丰富而又独特的文化内涵。柳树种类繁多、分布广泛、变异多样、姿态万千，有着极高的人文和观赏价值，在园林绿化中具有非常重要的地位。柳树也是我国栽培历史最为悠久的造林树种之一。乔木柳中的垂柳、旱柳和白柳的枝条细长、

下垂的变型早已被广泛地用于全国的园林绿化，如古长安之"灞桥风雪"，西子湖畔的"柳浪闻莺"等都是以柳置景的风景旅游胜地。这些观赏柳放叶早，历夏经秋，修长下垂的枝条披着如眉柳叶随风婆娑起舞，美不胜收，引来无数文人骚客的吟诵，从《诗经》的"昔我往矣，杨柳依依；今我来思，雨雪霏霏。"韦庄的"满街杨柳绿丝烟，画出清明二月天。"到贺知章的《咏柳》"碧玉妆成一树高，万条垂下绿丝绦，不知细叶谁裁出，二月春风似剪刀。"的诗篇，都以极尽咏叹之笔写出了柳树的风姿风采。一代伟人毛泽东的诗句"春风杨柳万千条，六亿神州尽舜尧。"借杨柳描写了新中国人才济济、欣欣向荣的美好景象，足可见国人对柳树的喜爱之情。

从形态上看，柳树有观花、观叶、观枝和观树姿等多种类型，观叶类型有腺柳、花叶柳和欧洲红皮柳等；观花类型有银芽柳、吐兰柳、黄花柳和细柱柳等；观枝类型有龙爪柳、垂柳、黄枝白柳等；观树姿类型有垂柳、馒头柳和旱柳等。每种类型均具有独特的景观价值，在建设美丽中国，为人民创造良好生产生活环境中作出了积极贡献（图 1-1 至图 1-4）。

灌木柳中的银芽柳早春先花后叶，初开时红色芽鳞舒展，花蕾密被白色绒毛，花苞大，颜色纯白，极为美丽。因为银柳生来就有一种不受凡尘俗世拘束的洒脱感，所以，通常用银柳表达渴望自由的情感。黄花柳花序大而密，枝条一般为紫红色，花和枝均有极高的观赏价值。在园林绿化中常配置于池畔、河岸、湖滨、堤防绿化，冬季还可以剪取枝条放入室内水培进行观赏，是非常普遍的鲜切花和干花品种，市场需求量极高。

5. 柳树是优质的速生用材树种

柳树，尤其是一些经过选育的良种，具有容易繁殖、造林成活率高、生物量大、材质优良、适于粗放经营等特点，近年来常作为工业原料林的主要组成树种进行大面积培育。作为温带最速生的树种，柳树与杨树、泡桐、桉树等速生用材树种相比，适应性更强，特别是在水旁及低湿滩地和湿润沙地，尤其适合柳树密植栽培，且单位面积产量更高；另外，木材密度适中、纤维素含量高，是理想的速生用材树种。苏柳 799 在湖滩地 5 年生和 9 年生纸浆林平均年产木材 15.90m³/hm² 和 28.65m³/hm²，平均木材基本密度 0.428g/cm³，平均纤维长 1.0874mm，纤维长 / 径比 47.22，纤维素含量 48.60%。用苏柳 799 制强制硫酸盐浆，细浆得率达 52%～53%，且纸浆易打浆、用碱量低、成纸性能优良，可用于生产强韧包装纸、高

图 1-1　柳树叶

图 1-2　柳树枝条

图 1-3 柳树树姿

图 1-4 柳树花果

档牛皮纸，漂白后可替代部分进口长纤维配抄高级文化、印刷用纸，是营建纸浆林的理想品种。此外，柳树木材还适宜生产胶合板、密度板、木工板、锯材等人造板。

6. 柳树可以提供多种林副产品

花材和柳编是柳树产业中附加值最高的分支，是中国特色的柳树产业。常见的柳树花材主要有观芽和观枝两类。银芽柳花期长、培养简单、摆放时间长；花枝既可作单支、单束鲜插花，还可以与其他鲜花品种组合配花。银芽柳还是最常见的干花材料，柳条脱水后，花芽可加工成各种颜色，也可不染色直接销售。最常见的银芽柳品种为绵花柳、细柱柳、吐兰柳、黄花柳及其杂种。作为花材的柳树品种全国多数省市的花木产地均有生产，其中四川省全省年产花材2亿支以上，产品销往全国各地，并批量出口。

柳树枝条细长、柔韧，是柳编制品的原料。柳编在中国具有悠久的历史，经现代工艺加工已成为工艺品和现代包装用品，包含花艺工艺品、家具、果篮、洗衣篓、圣诞筐、宠物篮系列等数千种工艺品，经济附加值得到极大提高。柳编产业应用最多的柳树品种是簸箕柳、杞柳和沙柳。

柳树全身可以入药，柳芽对防治营养不良引起的浮肿和筋骨痛等有疗效。柳叶中含有挥发油和大量糖苷类化合物及酚类化合物，有利尿、消炎、解毒、清热的功效，其水提浸膏常用于治疗跌打损伤、腰肌劳损等病症，近年来还用于治疗癌性疼痛，同时因其碘含量较高可用于治疗单纯性甲状腺肿。柳枝有利尿祛风、消肿止痛的作用，可防治急性传染肺炎、心绞痛、冠心病和小便不通，国外有研究表明柳枝萃取物能够显著抑制肿瘤细胞生长（Nabha S M, 2002）。柳花可止血散瘀，用以治疗吐血、咯血、便血以及黄疸、妇女闭经等病。柳皮利湿祛风、消肿止痛，可治疗感冒、乳痛、牙痛、水火烫伤等。柳絮可止血、疗痹、治恶疮。柳根利水通淋、祛风除湿，还是化疗治癌的良好辅助药。

柳芽的蛋白质含量丰富，是北方地区民众喜食的一种芽菜，有清热、明目、乌发、驻颜、坚齿等功效。幼嫩的柳树花絮可制作冷盘，既清爽开胃，又是很好的药膳。柳芽、柳叶还可用于炒制柳叶茶，或用柳芽和茶叶混合制茶。柳树花粉含有丰富的营养物质，有益健康。柳树枝叶也是良好的动物饲料，柳叶还可以饲养柳蝉。

综上所述，柳树作为生态防护、生物修复、生物能源、速生用材、园林景观等多功能树种，具有广泛而重要的生态经济价值。尤其在当今世界人口、资源与环境矛盾日益突出的情况下，柳树的应用越来越受到国内外的重视。与发达国家相比，我国土地资源更为紧张、木材资源更为紧缺、水土流失及富营养化污染程度更加严重，因此，发挥我国柳树资源优势，并利用我国丰富的非农低湿滩地、退耕还林（湖）地及滨海轻盐等困难立地营造柳树林，对改善生态环境和促进社会经济发展具有极为重要的意义。

第二节　中国柳树的起源与栽培历史

一、中国柳树的起源

柳树在中国通常是杨柳科钻天柳属和柳属多种植物的泛称。钻天柳属只有钻天柳1种，主要分布于中国东北地区，是杨柳科植物中最原始的属，它可能是古老杨柳科植物在东亚的残遗类型。柳属是杨柳科进化水平最高的属，其现代演化中心和分布中心在东亚地区，这里分布的柳属自然种数量最多。中国—日本森林亚区拥有世界柳属植物的全部组（类），而中国则是这一区域中柳属植物分布种类最多的国家。中国东北地区和日本还分布有最原始的柳属大白柳组，以及钻天柳属，因此柳属植物起源于中国—日本森林亚区，尤其是中国东北地区及朝鲜和日本一带成为众多学者的主流观点。已发现的化石资料也佐证了上述判断：柳树叶片化石最早发现于我国吉林省早白垩纪中晚期的阿普第期地层中，可靠的孢粉化石最早发现于晚白垩纪早期的赛诺曼期地层中，而我国华北、东北及日本发现的白垩纪晚期柳属孢粉化石也较为常见。在北美、欧洲，可靠的孢粉化石都是在第三纪中新世以后的地层中才出现。

此外，古地理和古气候资料显示：晚侏罗纪至古新世，中国东部的渤海和黄海都未形成，现在的黄海和东海的大陆架以及日本诸岛在当时都是陆地并且紧密相连。彼时，中国东北和日本一带一直处于潮湿的亚热带或暖温带气候带上，气候在相当长的一段时间内保持相对稳定，这就使得柳属这一适应温带湿润环境的植物群极有可能形成在这一地区，而同一时期的中国华东、华南和西南一带则均处于炎热干旱气候带上，不利于柳属植物的生存。到第三纪中新世时，黄海、东海和日本海逐渐形成，中国与日本的陆地联系被阻断，但这一时期的气候并没有太大的变化。而第四纪全球大范围的冰川也没有覆盖这一地区，从而使这里的柳属植物原始类群得以幸存。因此，从上述资料可以推断：柳属植物的起源地应该在中国东北地区及朝鲜、日本一带。

二、中国柳树的栽培历史

柳树在中国有着悠久的栽培历史，"柳"的象形文字在殷商时期的甲骨卜辞中已经出现。至夏朝末期，《夏小正》中也有"正月柳稊。稊也者，发孚也。"的记载，说明当时柳树已经受到了人们的广泛重视，并有了较为详尽的观察记录。《周礼·地官·大司徒》论述，"以土会之法，辨五地之生。一曰山林……二曰川泽，其动物宜鳞物，其植物宜膏物……"。文中的"膏物"即为杨柳类植物的泛称。我国最早的诗歌总集《诗经》中有"昔我往矣，杨柳依依。"的诗句，它赋予了柳树依依惜别的深情，同时也提出了"折柳樊圃"的扦插育苗技术雏形。《古微书·礼纬·稽命征》中记载"庶人无坟，树以杨柳。"说明早在春秋时期，我国就有了平民土葬时坟前植柳的习俗。《战国策·魏二》中"今夫杨，横树之则生，倒树之则生，折而树之又生。"的描述，说明当时人们已经充分认识到柳树极易繁殖的习性，掌握了插木育苗的技术。《齐民要术》引用春秋时期《陶朱公术》中"种柳千树，则足柴。十年以后，髡一树，得一载；岁髡二百树，五年一周。"的记述，是我国已知的经营柳树薪炭林的最早实践。我国柳树栽培的具体起始时间虽难以考证，但根据现有资料分析，至少起源于夏商时期，最迟应不晚于西周早期，并在春秋战国时期得到了较大的发展。

1.秦汉时期

柳树被引种到宫廷苑囿中，成为早期园林景观的重要组成树种之一。《汉书·五行志》记载："昭帝时，上林苑种大柳。"西汉著名赋家枚乘曾作《柳赋》对汉梁孝王忘忧馆旁种植的柳树加以称颂，句中有"枝逶迟而含紫，叶萋萋而吐绿。"而《汉书·周亚夫传》则记载，西汉将军周亚夫驻军河内（今河南沁阳、博爱），于军营中植柳，称"细柳营"。《三辅黄图》中有"汉人送客至此，折柳赠别"的记载，这是当时西安灞水两岸广植柳树的真实记录，也是后世"折柳送别"风俗的来源。

2．魏晋、南北朝时期

柳树已得到广泛的栽培，柳树栽培和经营技术得到了进一步的发展。《晋书》上有陶侃、桓温、王猛、陶渊明、王敬等植柳的记叙。盛弘之的《荆州记》有晋时荆州护城堤边广植柳树的记载："缘城堤边，悉植细柳，绿条散风，青阴交陌。"北魏的《齐民要术》曾对历代植柳经验技术进行了系统的总结："种柳，正月二月中，取弱柳枝，大如臂，长一尺半，烧下头二三寸，埋之令没，常足水以浇之。必数条俱生，留一根茂者，余悉掐去。别竖一柱以为依主，每一尺，以长绳柱拦之。若不拦，必为风所摧，不能自立。一年中，即高一丈余，其旁生枝叶即掐去，令直耸上。高下任人取足，便掐去正心，即四散下垂，婀娜可爱。若不掐心，则枝不四散，或斜或曲，生亦不佳也。"又载："六七月中，取春生少枝种，则长倍疾。少枝叶青气壮，故长疾也。"同时，书中还记载了柳树林的持续经营方法："少枝长疾，三岁成椽……一亩二千一百六十根，三十亩六万四千八百根；根直（值）八钱，合收钱五十一万八千四百文。百树得柴一载，合柴六百四十八载；载直（值）钱一百文，柴合收钱六万四千八百文。都合收钱五十八万三千二百文。

图 1-5　左公柳

岁种三十亩，三年种九十亩；岁卖三十亩，终岁无穷。"东晋时期的《洛神赋图》是中国最早可查证的采用柳树为素材的画作。1960年4月在南京西善桥发掘的南朝大墓中，出土了一套"竹林七贤与荣启期"模印画砖，画中把垂柳和旱柳两种类型的柳树作为构图的素材。

3. 隋唐至宋元时期

柳树的栽培更为普遍，栽培和经营技术已较为成熟，人工林的营建也得到重视。诗词中常有柳树的形象出现，如："杨柳青青着地垂，杨花漫漫搅天飞。柳条折尽花飞尽，借问行人归不归。"（隋朝无名氏《送别》）；"渭城朝雨浥轻尘，客舍青青柳色新。"（王维《送元二使安西》）；"羌笛何须怨杨柳，春风不度玉门关。"（王之涣的《凉州词》）；"今宵酒醒何处，杨柳岸，晓风残月。"（柳永《雨霖铃》）；"若问闲情都几许？一川烟草，满城风絮、梅子黄时雨！"（贺铸《青玉案》）等。唐朝时期的山水画中也常出现柳树的形象，如王维的很多画作。宋代的《清明上河图》中，柳树也是主要构图题材之一，该图不但体现了宋代较为成熟的柳画技巧，也间接反映了当时人们对柳树的栽培利用达到较高的技术水平。同时，柳树人工林的营造也在这一时期大规模开展，如北宋为了防御辽、西夏骑兵，非常重视以榆、柳为主的边防林的营建。宋代李焘《续资治通鉴长编》卷93记载：自太祖诏令"于瓦桥一带南北分界之所专植榆柳"始，历朝坚持营造。该书卷267还记载：神宗熙宁八年（1075年）沈括奏报"定州北境先种榆柳以为塞，榆柳植者以亿计。"《宋史·韩琦传》记载：韩琦在河北领兵"遍植榆柳于西山，冀其成长，以制藩骑。"

4. 明清时期

柳树成为北方一些地区的主要造林树种，柳树造林得到国家层面的高度重视。《榆林府志》记载：明成化年间陕西巡抚余子俊在榆林城西十里的黑山筑台堡，"植柳万株其下。"明代田汝成在《辽纪》中记载："辽阳迤南三堡七十余里，蒲河至铁岭八十余里，四行品字植柳三十万株。"这些都是大规模植柳的记述。清雍正三年九月初十（1725年10月15日）河道总督齐苏勒在奏折中

提到："劝防营大小文武官员自通判守备以上各出己资栽种柳秧五千株，州同千总以下各出己资栽种柳秧一千株，方为称职。"官员自己出资栽柳"三万二千株者加一级"，普通民众"栽柳二万株者给以顶带荣身"，同时要求每位河兵每年"栽柳一百株，务期培养成活"，若不能如数栽植则"千把总罚俸一年，守备罚俸半年"，"倘或栽补柳秧成活不及一半者，千把总降职一级暂留原任戴罪栽补，守备罚俸一年"，从制度上对柳树的栽植进行了量化规定。清乾隆年间，堤防广植柳树护堤得到官府的大力推动，《永定河志》记载，树苗规格需"长八尺，径三寸"，栽种标准为"惊蛰后地气通，于附堤内外十丈柳隙，刨坑深三尺栽种。"《望江县志》有古雷池江堤"栽柳万株"的记载；《太湖县志》则有太湖沿岸植柳万株，名"万柳堤"的记载。晚清重臣左宗棠收复新疆时动员军民在大道沿途、宜林地带和近城道旁栽植了大量的柳树，并且制定保护树林的措施，严加执行，后人为纪念他，将这些柳树称为"左公柳"（图1-5），虽历经百年沧桑，仍有少量左公柳保存至今，生长繁茂。据1998年出版的《甘肃森林》记载，"本省境内尚有'左公柳'202株，其中平凉柳湖公园187株，兰州滨河东路13株，酒泉泉湖公园内仅有2株。"事实上，如今西北地区，在某些角落里还可以寻找到一些残存的"左公柳"。

明清时期还高度重视柳树造林应用技术的总结和推广。明嘉靖年（1522—1566年）的治黄专家刘天和总结出柳树固护堤岸的"植柳六法"，即"卧柳"、"低柳"、"编柳"、"深柳"、"漫柳"和"高柳"，在其著作《问水集》中记载，嘉靖十四年（1535年）治理黄河时，在河堤"植柳二百八十万株"。乾隆三十七年（1772年）乾隆帝为总结柳树造林经验，于永定河金门闸东侧作诗立碑。诗曰："堤柳以护堤，宜内不宜外；内则根盘结，御浪堤弗败；外惟徒饰观，水至堤仍坏；此理本易晓，倒置尚有在；而况其精微，莫解亦奚怪。经过命补植，缓急或少赖；治标滋小助，探源斯岂逮。"不但是对当时柳树造林经验的高度总结，也是希望通过此碑昭示天下，加以推广应用。

第三节　柳树利用现状

目前，世界上已有 70 多个国家和地区开展了柳树的相关栽培工作。根据国际杨树委员会 2005 年的统计，世界上乔木柳树人工林面积约 18 万 hm^2，其中约 9 万 hm^2 是用材林。柳树人工林中，以阿根廷的乔木柳树林规模最大、产量最高，其全国拥有柳树用材林 4.6 万 hm^2，平均年林分蓄积生长量达到 $11\sim15m^3/hm^2$，柳树木材占该国纤维板材的 40%，纸浆用材的 18%。而灌木柳人工林方面，美国、瑞典、法国、英国、德国和芬兰等国都有较大面积，其中瑞典现有柳树栽培面积已超过 1.8 万 hm^2，该国在柳树适生地广泛推广柳树能源林和柳树环保、能源兼用林，并利用柳树林地处理生活污水。而柳树生物质具有较高的燃烧值，相当于标准煤的 65%～69%，在美国和瑞典的生物质发电中已得到广泛的应用，同时，国外在柳树的生物质乙醇转化技术研究方面也日臻成熟。在生产生活实践中，柳树除常应用于工业用材林、生态防护林、景观林、能源林等建设外，也有些柳树，尤其是灌木柳常用于柳编或花材生产，在满足人们对生活环境绿化、美化以及生态防护等需求的同时也为人们的日常生产生活提供了较为丰富的物质产品。

一、柳树工业用材林

柳树是北方分布型树种，特别是大型乔木类速生柳树，其人工林生产区域主要分布在长江流域以北地区。全国柳树造林人工林面积较多的省份都在长江流域及其以北地区，北部一直到新疆、内蒙古和东北三省。

柳属树种遗传多样性和生态多样性丰富，我国长江流域以北各省都有各自适宜的速生用材林种质资源，柳树用材林造林形式多样，有农村四旁造林、行道树造林、河堤造林、农田林网造林、滩地造林以及散生林和混交林等多种形式。

① 1 亩 ＝ 1/15 hm^2，下同。

从气候和生产品种上划分，全国柳树用材林生产主要有四个区域：

一是长江流域，柳树用材林生产地主要分布在湖南、湖北、江西、安徽和江苏等省的长江沿岸滩地、主要湖泊水系的滩地（如洪泽湖滩地、鄱阳湖滩地、巢湖和洞庭湖滩地），东至江苏苏州，西至湖北宜昌。该区降水量大、气温高、空气湿热，柳树生长快，但病虫害多，不利于柳树长期生长，柳树一般寿命短，木材容易心腐、虫蛀，不宜培养大径材。但这些地区的滩地一般每年遭受长期季节性淹水，其他林木或作物均无法生长，一般选用耐淹水的速生品种大苗营造用材林，适于培育短轮伐速生纤维用材林。该区柳树生长最快，一般柳树良种在造林前 4 年林分平均胸径生长量能够达到 2～4cm，最快能够达到 5cm。在立地条件较好的地区，也可在造林后第五年到第六年间伐，生产中大规格的板材。该区主要用材林造林品种为旱柳、垂柳及其杂交种，一般采用株行距 3m×2m 造林，6 年皆伐，木材蓄积产量可达每年鲜重 1.5t/亩①以上；采用 50% 强度间伐时，12 年生主伐，柳木蓄积产量可达到 1 立方米/亩。该区域柳树造林类型多样，主要是结合营造水土保持林、防浪林、行道树及其他绿化林形式生产木材。近 10 多年来，也有不少企业承包江河湖泊滩地专门营造短周期工业用材林。该区约有滩地柳树用材林 70 万亩，目前每年营造短周期工业用材林 5 万亩以上。

二是位于山东、河北、陕西和山西等降水量中等、气候较为凉爽的区域。柳树是这些省份的主要乡土树种，且该区域内的柳树病虫害较少，寿命较长，单株产量高，适于培育中大径级木材。该区域柳树人工林主要是四旁植树、行道树、农田林网造林等，一般不采取南方的高密度造林方式。

三是我国西部地区，包括陕西西北部、青海、新疆和西藏等地。该区域属温带大陆性气候，年均温低、干旱少雨、空气干燥、盐碱、沙荒和半干旱土地较多，其自然分布的柳树一般具有较强的抗逆性，病虫害少，寿命长，可培育大径材，但生长速度不及南方的柳树。该区域柳树人工林主要是农田林网、农村四旁植树、行道树和防护林等。

四是我国东北地区。该区域属温带湿润季风气候，自然分布的柳树均具有较强的耐寒性，但一般生长较慢，可培育大径材。由于该区造林树种多，柳树人工用材林面积相对较少，主要造林形式是河谷滩地造林、农田林网、行道树和防护林等。

二、柳树生态防护林和景观林

柳树生态防护林的分布范围广，造林形式多样，长江流域及以北地区各个省份都有分布，造林形式主要有湖泊滩地成片林、河道防护林、农田防护林、堤防林、防风固沙林和四旁造林等。就柳属生态防护林的组成树种而言，中原、华北地区营造防护林、四旁造林应用较多的是旱柳、垂柳、白柳等柳树自然种以及苏柳172、苏柳795、苏柳1011等柳树杂交品种；西北地区用于营造生态防护林的柳树除旱柳外，还有白柳、漳河柳、左旋柳和沙柳等；东北地区应用较多的主要是朝鲜柳、爆竹柳，以及钻天柳属的钻天柳等。而旱柳和苏柳172从西南地区的川北，到东北地区的吉林白城，从东南沿海到西北的甘肃、青海等地均表现出很好的丰产性和适应性，栽培面积较大。在景观林方面，柳树常用于道路绿化、水岸绿化、园林造景等（图1-6），较为常见的柳树是垂柳、金丝垂柳系列品种(苏柳1010、苏柳1011等)，以及花叶柳等；其次是旱柳、白柳、爆竹柳和钻天柳等地带性分布的柳树。

龙爪柳行道树

垂柳行道树

馒头柳

钻天柳

旱柳

图1-6 柳树景观林

三、柳树园艺和工艺品原料林

一些柳树先叶开花，在初春发芽前，柳条上分布或疏或密的银白色花絮，观赏价值很高。人们选择其中一些花期长、花絮大而密集、花絮洁白或银白的品种进行人工栽培，早春截取枝条，单支或成束，生产多种鲜切花和干花产品装点生活环境，这类柳树常见的有棉花柳及其与吐兰柳、簸箕柳、黄花柳等树种的杂交种。柳树花材生产中还有观枝的类型——花艺柳条，而花艺柳条又有云龙柳和曲柳之分。云龙柳是柳条自然生成的形状，曲柳则是柳条进行弯曲加工而成。云龙柳生产的原料主要是龙爪柳，一般作灌木状经营，

一年生收割，收割后进行脱皮、脱色、干燥或染色处理，也可不脱皮，直接加工，成为造型优美的干花材料。杞柳、簸箕柳、红皮柳以及沙柳甚至垂柳等枝条细长、柔软、分枝少、柳条易脱皮、易机械弯曲的柳树品种均可作为曲柳的生产品种（图1-7）。作为花材的柳树品种全国多数省份的花木产地均有生产（图1-8）。规模较大，产品较集中，影响力较大的生产基地主要集中在四川和云南，特别是四川省产品最为集中，境内温江、绵竹、仁寿、峨眉山、西充等地区都有500亩以上的生产基地，全省年产花材2亿支以上，产品销往全国各地，并批量出口。

柳编在中国具有悠久的历史，其年产销量也相当可

图1-7　柳条工艺品（染色）

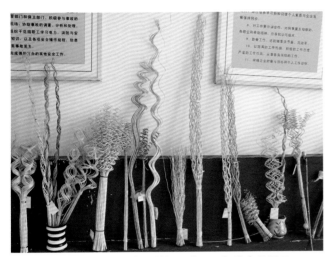

图1-8 江苏省扬中市某柳工艺品厂部分产品展示

观。现代柳编产品中，传统农具和生活用具已经较为少见，多数已成为工艺品和现代包装用品，包含花艺工艺品、家具、箱包、果篮、洗衣篓、圣诞筐、菜蛋篮、宠物篮系列等数千种工艺品，经济附加值得到极大提高。柳编产业应用最多的柳树品种是簸箕柳、杞柳和沙柳，以及一些杂交品种。从栽培的地理范围看，全国多数地区栽培的都是簸箕柳及其自然杂交种，杞柳次之，沙柳主要分布在西北及北方沙地；从栽培总面积方面看，则是沙柳占多数，但其中用于编织柳条林的只占很少一部分，簸箕柳栽培面积居第二位，杞柳面积最少，但多数柳林均为柳编专用林。全国柳编主产地为山东、安徽、河南、湖北、江苏和黑龙江等六省。据不完全统计，目前全国簸箕柳种植面积超过67000hm²，柳编产业从业人员达200多万人，年产值达190多亿元。

四、柳树生物修复林

近年来，随着人们对土壤污染、大气污染和水体污染的重视，一些柳树也被用于建设污染修复林带。安徽淮南矿务局利用苏柳系列柳树品种防治粉煤灰污染，经

测定，苏柳172每千克干物质可以从煤矿塌陷地粉煤灰覆盖的土壤中吸收27.78mg氟、0.704mg汞和1.685mg铅，苏柳194每千克干物质则可吸收30.90mg氟、0.0563mg汞和1.780mg铅。山西省太原市环境科学研究设计院在对该市学府街至南寨、汾河以东至太原建设路范围内的42种树种吸收二氧化硫情况的调查显示，垂柳吸收二氧化硫的能力最强。近年来江苏环太湖地区建设柳树生物修复林带，用于控制周边面源污染，改善太湖水质。

五、柳树生物能源林

随着社会的进步，生物质能源问题越来越受到世界各国的关注。我国也在近些年投入大量的人力物力开展生物质能源的研究。一些在生态建设中较易繁殖且萌蘖性强的灌木柳品种近年来逐渐受到人们的重视，成为生物质能源林建设的热门树种之一。如主要分布于我国西北地区的沙柳根系发达，枝条高度一般为1～3m，直径约2～5cm，3～5年即需平茬一次，生长期通常可达20年，加之其种植面积大，规模化效应较为可观。据报道，全国沙柳95%以上是人工林，陕西榆林境内约有沙柳林500万亩，鄂尔多斯约有650万亩，目前毛乌素沙地约有80%的旱作农田都建有沙柳防护林带。以轮伐期为5年和平均单产3000kg/hm²推算，我国西北地区每年可产沙柳439万吨。利用沙漠土地资源生产沙柳，用于生物质发电成为西部地区发展沙柳产业、改良沙漠土地利用状况、改善当地生态环境的可行途径。2008年，内蒙古毛乌素生物质发电厂两座12兆瓦的生物质发电厂成功并网，利用沙柳为原料，年发电2.1亿度，每年可消耗沙柳20万吨，每年带动治理荒漠20万亩。江苏省林业科学研究院从"九五"开始进行高生物量灌木柳新品种的选育，目前已得到14个专门用于高生物量能源林培育的优良无性系。小面积试验条件下，这些无性系鲜重年均每公顷产量达到67.5t，部分品种已经在苏北地区结合污染土壤修复进行造林应用。

第二章
中国柳树种质资源的分类与分布

第一节　柳属植物的基本特征及系统分类

一、柳属植物基本特征

柳属归于植物界(Plantae)被子植物门(Angiospermae)双子叶植物纲(Dicotyledoneae)[旧称木兰纲(Magnoliopsida)]杨柳目(Salicatles)杨柳科(Salicaceae)。

杨柳科的形态分类特征为：落叶乔木或直立、垫状和匍匐灌木。树皮光滑或开裂粗糙，通常味苦，有顶芽或无顶芽；芽由1至多数鳞片所包被。单叶互生，稀对生，不分裂或浅裂，全缘，锯齿缘或齿牙缘；托叶鳞片状或叶状，早落或宿存。花单性，雌雄异株，罕有杂性；柔荑花序，直立或下垂，先叶开放，或与叶同时开放，稀叶后开放，花着生于苞片与花序轴间，苞片脱落或宿存；基部有杯状花盘或腺体，稀缺如；雄蕊2至多数，花药2室，纵裂，花丝分离至合生；雌花子房无柄或有柄，雌蕊由2~4(5)心皮合成，子房1室，侧膜胎座，胚珠多数，花柱不明显至很长，柱头2~4裂。蒴果2~4(5)瓣裂。种子微小，种皮薄，胚直立，无胚乳，或有少量胚乳，基部围有多数白色丝状长毛。

根据目前公认的分类方法，杨柳科分为3属，即杨属、柳属、钻天柳属。全科共有植物620多种，分布于寒温带、温带和亚热带地区。中国境内自然分布着上述3属共约320余种，各省份均有分布，尤以山地和北方较为普遍。其分属检索关系如下：

杨柳科分属检索表

1 萌枝髓心五角状，有顶芽，芽鳞多数；雌、雄花序下垂，苞片先端分裂，花盘杯状；叶片通常宽大，柄较长 …………………………………………………………………… 杨属

1 萌枝髓心圆形，无顶芽，芽鳞1枚，雌花序直立或斜展，苞片全缘，无杯状花盘，叶片通常狭长，柄短 …… 2

　　2 雄花序下垂，花无腺体，花丝下部与苞片合生 ………………………………………… 钻天柳属

　　2 雄花序直立，花有腺体，花丝与苞片离生 ……… …………………………………………………… 柳属

柳属的基本特征可概括如下：乔木或匍匐状、垫状、直立灌木。枝圆柱形，髓心近圆形。无顶芽，侧芽通常紧贴枝上，芽鳞单一。叶互生，稀对生，通常狭而长，多为披针形，羽状脉，有锯齿或全缘；叶柄短；具托叶，多有锯齿，常早落，稀宿存。柔荑花序直立或斜展，先叶开放，或与叶同时开放，稀后叶开放；苞片全缘，有毛或无毛，宿存，稀早落；雄蕊2至多数，花丝离生或部分或全部合；腺体1~2(位于花序轴与花丝之间者为腹腺，近苞片者为背腺)；雌蕊由2心皮组成，子房无柄或有柄，花柱长短不一，或缺，单一或分裂，柱头1~2，分裂或不裂。蒴果2瓣裂；种子小。多暗褐色。

柳属植物多为灌木，稀乔木、无顶芽、合轴分枝、雄蕊数目较少、虫媒花等，其与杨属和钻天柳属相比更加进化。

二、柳属系统分类简介

柳属植物于最晚不迟于早白垩纪中晚期的阿普第期起源于今东北亚地区，即相当于我国东北及朝鲜、日本一带(陶君容等，1990)，由于其具有原始的花器结构，自然杂交广泛，且杂种能育，使得自然界中柳属植物的多样性非常丰富，变种、变型较多，分布十分广泛。上述特点使得柳属植物在分类方面存在一定的难度。

1753年，瑞典植物学家林奈(Linnaeus)首次建立"柳属"，标志着现代意义上柳树分类的开始。但当时人类发现的柳树仅有29个种，且其中只有垂柳(*Salix babylonica*)不是欧洲分布种。受此局限，林奈把柳属简单分为4类，即：叶无毛、全缘；具锯齿叶无毛；叶全缘、被长柔毛；叶稍具锯齿、被长柔毛。1817年Rafinesque将当时已发现的柳属各种归于10个属，1823年，又增加并归于22个属，当时甚至还有人划出35个属。1860年，Kemer在Opiz(1852)4属划分的基础上，提出5属划分的意见。但是柳树的多属分类

方法无法解决柳树在系统演化过程中的定位问题，不符合人们对柳属系统演化特征的深入认识。直至 1920 年，Nakai 将 *Salix splendida* 从柳属中划分出来建立了钻天柳属（*Chosenia*），确定杨柳科划分为杨属、柳属、钻天柳属 3 个属。从林奈建立柳属开始，随着越来越多的杨柳科树种被发现，柳属的属级分类经过一个多世纪的演进才逐渐在学界趋于共识。

1928 年，Kimura 以柳属大白柳组的 *Salix cardiophylla* 为模式种建立了心叶柳属（*Toisusu*），但到了 1988 年，Kimura 又将钻天柳属和心叶柳属都并入柳属，将柳属归于一属，这得到了 Ohashi（2001）的支持。

中国柳树分类一直沿用王战和方振富（1984）的分类方法，即把柳属和钻天柳属独立，与杨属组成杨柳科 3 属。后来赵能（1998）以花作为主要分类特征，把柳属分为 3 个属，即原柳属（*Pleiarina*）、钻天柳属（*Chosenia*）和柳属（*Salix*）。

柳属内各种的分组以及个别种的鉴定过程，也曾伴随着柳属的系统分类定位被长期争论与反复认识。

1815 年，Seringe 发表了瑞士柳属的分类系统，他根据植株子房毛被、花柱长度、开花时间（先叶开放、与叶同时开放及后叶开放）、叶片形状的不同把柳属划分为 13 个组。

1825 年，Dumortier 根据腺体形状和着生位置的不同，把柳属划分为两个系，即只有一个腹腺的 Capri-Salix 以及具有杯状腺体或同时具有腹腺、背腺的 Viti-Salix。同时，在系的分类之下又根据雄蕊数目、花丝合生程度、腺体顶端的形态进一步划分出若干组。同年，Fries 基于子房特征（具柄与否、花柱长度、柱头形态），花与叶开放时间（同放、先叶），雄蕊数目，树形（乔木，灌木或亚灌木），叶片形状、毛被、叶缘变化等，对瑞典柳属植物进行了分类。根据子房特征，他将柳属划为两个系，每个系又划分为 4 个族，即子房近无柄的 Fragiles, Glaucae, Purpureae, Reticulatae 族；子房具柄的 Hastatae, Cinereae, Viminales, Fuscae 族。

1832 年，Fries 又采用了 Dumortier 的腺体特征并提出了 4 个族（tribe）：Amerina, Chrysanthos, Vetrix 和 Chamelix。这四个族与 Dnmortier（1825）的主要组基本一致。

1850 年，Hartig 将柳属划分为两个相当于亚属的主要分类群，即叶柄无腺体的 Gymniteae 和叶柄有腺体的 Adeniteae。同时，将这两个分类群又细分为八个亚组（subgroups）。用于区分上述亚组的形态特征主要有：柔荑花序是否顶生，有柄与否；枝条是否被白粉；花药颜色；花丝合生与否；内皮层颜色；子房是否有柄；花苞片宿存与否；叶表皮的厚薄；叶形状及被毛情况。而其系（series）的划分依据主要为：叶片毛被、子房毛被、叶柄长短等特征。

1860 年，Kemer 将 Dumortier 划分的 Chamitea 组提升为一个单独的属，并根据花苞片颜色、雄蕊腺体数目、花柱长度及厚度等特征将其他的种划分为四类，共包括 14 个组。

1862 年，Dumortier 参照他 1825 年的系统将柳属的分类系统做了修改。他把柳属划分为 2 个系：Caprisalix 和 Vitisalix，系下的划分使用了亚属而不是组的概念。根据花丝合生程度（离生、基部合生、完全合生），花苞片颜色，腺体形态及位置，叶芽的排列方式等特征，他把 Caprisalix 系又划分为 Vetrix, Vimen, Helice 等亚属。同时，根据腺体形态，雄蕊数目，叶芽卷绕排列等特征将系 Vitisalix 划分为 Amerina 和 Lygus 两个亚属。

1867—1874 年间，Andersson 发表了一个与 Dumortier 和 Fries 不同的柳属分类系统。在其新分类系统中，根据雄蕊数目，花苞片颜色及宿存与否将柳属分为 3 个族（tribes），即 Pleiandrae（有 3 个以上的雄蕊，花苞片苍白色，脱落，颜色均一），并进一步分为 2 个根据地理分布划分的组，Tropicae 或 Subtropicae，Temperate；Diandrae（雄蕊 2，苞片宿存，二色），并根据花柱长度进行了进一步的划分；Synandrae（雄蕊 2，花丝合生，花苞片二色）。这一分类系统使用了新的特征，尤其是用雄蕊数目来划分主要的分类群，在柳属植物分类领域具有重要的意义。同时，这也是第一个世界性的柳属分类系统，其组（section）的划分被广泛接受。柳属的基本分类，尤其是在组（sectional）级水平上的划分，大都基于 Andersson 在 1868 年发表的这一分类系统。而之前被普遍接受的 Dumortier 和 Fries 的柳属分类系统在这一系统发表后就基本不再被人们所采用了。

1904 年，Camus 根据解剖学特征提出了一个关于柳属的分类系统，把柳属植物划分为组和亚组。这一分类系统受到了 Schneider（1915）的质疑，他认为 Camus 等人的取样并不全面，且其组的分类依据标准也不甚清晰。

Hayek（1908）、Rouy（1910）、Linton（1913） 使用的系统都没有给出高于组的分类等级，他们把组按以下方式排列：乔木类柳，灌木类柳，以及北极和高山地区的垫状柳。

1914 年，Moss 将英国的柳属植物划分为 4 类（相当于亚属），即：Amerina，Chamaetia，Vetrix，Vimen。每一类又进一步划分为系（相当于组）。然而，其用于区分 Vimen 和 Vetrix 的特征除 Vimen 的叶长度远大于宽度外，其他特征均无法用于区分这两个亚属。

1921 年，Schneider 提出了一个美洲柳属植物的分类系统，包含 23 个组，但无亚属的划分。他把这些组按照乔木柳、北极和高山的垫状柳、灌木柳的顺序排列。由于 Schneider 对欧洲和亚洲的柳属植物也很熟悉，因此他对美洲柳属的分类系统也可以看作是一个世界性的柳属植物分类系统。

1928 年，日本植物学家 Kimura 和 Nakai 分别发表了杨柳科的分类修订。他们都使用了相同的性状来建立亚属：Protitea Kimura 以及 Pleiolepis Nakai（芽鳞边缘分离，膜质）；Euitea Kimum 以及 Calyptrolepis Nakai（芽鳞边缘合生或呈帽状）。根据优先律，Kimura 的名称为合法名称。尽管人们一致认同柳属的原始类群应具有边缘分离、膜质的芽鳞等特征，但是，二者的分类系统都是建立在单一性状基础上的，因此未被广泛接受。

1940 年，Buser 提出了一个瑞士柳属的分类系统，他划分了 3 个纲（class），即：Pleiandrae（Andersson）Buser（包括了有多个雄蕊的柳）；Mononectariae Buser（有 2 个雄蕊且只有 1 个腺体的柳）；Dinectariae Buser（有 2 个雄蕊且有两个腺体的柳）。在纲之下他又划分了族（tribe）。由于 Buser 的两个等级都是属上等级，且两个等级发表的名称均非有效发表，其系统自然不被接受。

1962 年，Clapham 等使用组（相当于亚属）来划分柳属植物，并分成了 3 个组：Salix，Vimen，Chamaetia。两年后，Rechinger 在《欧洲植物志》（Flora Europaea）中也将柳属划分为 3 个亚属，即：Salix，Chamaetia，Caprisalix，但在亚属下没有使用组的等级。

1968 年，Skvortsov 基于对俄罗斯及其邻近国家柳属植物的研究，建立了一个柳属分类系统。该系统把柳属划分为 3 个亚属，即：Salix，Chamaetia，Vetrix，这是自 Andersson 和 Schneider 以来最为全面的一个分类系统。这一系统的主要特点是提供了比较完整的同物异名表，并使用后选模式来解决柳属命名和分类上的问题。Skvortsov 的系统是迄今为止使用最为广泛的一个柳属分类系统。

1976 年，Dora 根据植株形态学、细胞学，以及类黄酮类化合物等的区别，提出了一个北美的柳属植物分类系统，把柳属划分为 2 个亚属，即：Salix（包括乔木类柳）；Vetrix（包括灌木类柳及垫状柳）。但 Argus（1997）认为 Dora 基于柳属分类的细胞学及植物化学研究的取样不够全面，该分类系统价值不大。

王战（1984）、方振富（1999）在《中国植物志》中使用的系统将柳属划分为 37 个组，但没有给出更高的属下分类系统。组的排列顺序大致是：首先为芽鳞分离、膜质的和芽鳞帽状的乔木类柳（柳亚属 Salix），而后是高山的垫状柳，最后是灌木类柳（相当于皱纹柳亚属 Chamaetia、黄花柳亚属 Vetrix）。对于组的划分，则综合考虑了雄花、雌花、枝、叶、习性、地理分布等特征。

1997 年，Argus 依据表型分类法，运用聚类软件进行分析，把世界柳属植物划分为 4 个亚属：Salix，Longifloliae，Chamaetia，Vetrix。

1998 年，赵能等把柳属划分为 3 个属：花序直立，雄蕊多数，花柱短、宿存的原柳属（Pleiarina）；花序下垂，雄蕊多数，花柱长、脱落的钻天柳属（Chosenia）；花序直立，雄蕊 2 枚等特征的柳属（Salix）。同时，将柳属划分为 38 个组。

2001 年，Ohashi 基于日本的柳属植物提出了柳属最新的分类系统。他根据芽鳞分离与否，柔荑花序是否下垂，腺体的有无，雄蕊数目，叶片形态等特征将柳属划分为 6 个亚属：Pleuradenia，Chosenia，Protitea，Chamaetia，Salix，Vetrix，在亚属下又进一步进行了组的划分。

第二节　中国柳属分组及组间主要区别特征

本书采用我国学者王战和方振富在《中国植物志》(1984) 中使用的柳属系统划分方法，除 2 个存疑种外，将中国柳属 257 种分为 37 个组，各组组成及特征如下。

1. 四子柳组，2 种：四子柳、纤序柳。

乔木或大灌木。叶多大型，花序长，疏花，雄蕊 5~10 或更多，腺体 2，常形成一个多裂的假花盘；子房明显具柄，无毛，花柱无或极短，柱头短而粗，先端微凹或 2 裂，雌花仅具腹腺，稍抱柄。

2. 大白柳组，1 种：大白柳。

大乔木。叶大型，卵状披针形或卵状长椭圆形，下面白色或有白粉，网脉纹明显。

3. 紫柳组，14 种：粤柳、水社柳、水柳、云南柳、腺柳、紫柳、新紫柳、南川柳、浙江柳、长梗柳、秦柳、腾冲柳、南京柳、布尔津柳。

乔木或灌木。花序较细长，花序梗明显至较长，着生数叶，雄花具雄蕊 (3) 4~6 (8)，苞片黄绿色，基部常结合呈多裂花盘状；子房无毛，有长柄，花柱无或极短，柱头腹腺常成马蹄形，半抱柄。

4. 五蕊柳组，3 种：五蕊柳、康定柳、呼玛柳。

小乔木或灌木，芽和幼叶有黏质。边缘有整齐明显的细腺锯齿，叶面有光泽，叶柄有腺点。花与叶同时开放，花序开展，花序梗明显，着生数枚叶，密花，雄蕊 5~9 (12)。

5. 三蕊柳组，3 种：三蕊柳、准噶尔柳、川三蕊柳。

小枝柔软，老枝皮片状剥落。叶披针形，急尖或渐尖，两面无毛，同色或下面发白色，边缘有整齐的锯齿；常有托叶。雄花有雄蕊 3 枚，离生，具 2 腺体，背生和腹生；子房有长柄，无毛，花柱和柱头很短。

6. 柳组，21 种：异蕊柳、白柳、爆竹柳、鸡公柳、维西柳、旱柳、平利柳、光果巴郎柳、银叶柳、垂柳、朝鲜垂柳、圆头柳、碧口柳、长柱柳、朝鲜柳、青海柳、班公柳、巴郎柳、绢果柳、白皮柳、长蕊柳。

乔木，稀灌木。树皮沟裂，小枝多细长，柔软，直立或多少下垂，稀下垂。雄蕊 2；腺体 2，背生和腹生；子房无柄或有短柄；腺体 1~2，苞片淡黄色，稀褐色。

7. 褐毛柳组，7 种：褐毛柳、花莲柳、台湾柳、玉山柳、台湾匍柳、台高山柳、台矮柳。

匍匐或直立灌本，稀小乔木。小枝多少有毛。叶通常为披针形或狭长圆形至倒卵状椭圆形，通常两面有毛，边缘全缘，稀有锐锯齿。花序有短梗，具 2~3 小叶，子房多具长柄，花柱极短。

8. 大叶柳组，7 种：大叶柳、黑枝柳、宝兴柳、峨眉柳、小光山柳、长穗柳、墨脱柳。

大灌木或小乔木。小枝粗，暗红色至紫黑色，叶多大型，近革质，平滑，椭圆形至倒卵状圆形，先端钝、圆形或急尖，下面灰蓝色或发白色，侧脉高起，无毛。叶柄长。花序可达 30cm 长。

9. 繁柳组，28 种：细序柳、光苞柳、西柳、草地柳、异型柳、黑水柳、鸬鹚柳、藏柳、长花柳、类四腺柳、迟花柳、小叶柳、山柳、灌西柳、眉柳、腹毛柳、丝毛柳、兴山柳、房县柳、多枝柳、周至柳、西藏柳、中华柳、齿叶柳、小齿叶柳、汶川柳、巴柳、藏南柳。

灌木。枝较短。叶通常小型或中型，叶多为椭圆形、长圆形、卵形至倒卵形，稀近圆形或披针形，幼叶有柔毛。

10. 青藏矮柳组，10 种：景东矮柳、藏匍柳、宝兴矮柳、乌饭叶矮柳、藏截苞矮柳、迟花矮柳、丛毛矮柳、察隅矮柳、怒江矮柳、环纹矮柳。

匍匐或垫状和直立，高 30cm 内，叶和嫩枝不被白绵毛，叶柄短于叶片长的 1/4，植株直立或斜升。枝条褐、暗褐至近黑。

11. 青藏垫柳组，18 种：长柄垫柳、小垫柳、圆齿垫柳、锯齿叶垫柳、栅枝垫柳、毛枝垫柳、卡马垫柳、扇叶垫柳、黄花垫柳、毛小叶垫柳、多花小垫柳、卵小叶垫柳、类扇叶垫柳、尖齿叶垫柳、康定垫柳、青藏垫柳、吉隆垫柳、毛果垫柳。

匍匐或垫状和直立，高 30cm 内，叶和嫩枝不被白绵

表2-1 中国各省份柳树分布数量统计表

省份	黑龙江	吉林	辽宁	内蒙古	新疆	西藏	云南
分布种数	38	35	35	37	42	93	89
省份	贵州	四川	河北	河南	山西	陕西	青海
分布种数	13	93	29	12	14	46	30
省份	宁夏	甘肃	山东	江苏	浙江	安徽	江西
分布种数	10	54	10	10	14	7	8
省份	湖北	湖南	福建	广东	广西	海南	台湾
分布种数	26	11	5	5	4	1	10

说明：各省份分布种数不含人工引种或新培育的栽培变种或品种；数据统计依据是《中国植物志》（1984）。

表2-2 柳属在中国植物地理分区中的分布

分布区		柳属种类
欧亚森林亚区 A	1. 阿尔泰地区	36
	2. 大兴安岭地区	31
	3. 天山地区	38
亚洲荒漠亚区 B	4. 中亚西部地区	38
	5. 中亚东部地区	64
欧亚草原植物亚区 C	6. 蒙古草原地区	45
青藏高原亚区 D	7. 唐古拉地区	65
	8. 帕米尔昆仑西藏区	70
	9. 西喜马拉雅地区	7
中国-日本森林植物亚区 E	10. 东北地区	39
	11. 华北地区	110
	12. 华东地区	37
	13. 华中地区	118
	14. 华南地区	10
	15. 滇黔桂地区	20
中国喜马拉雅亚区 F	16. 云南高原地区	54
	17. 横断山脉地区	152
	18. 东喜马拉雅地区	62
马来西亚植物亚区 G	19. 台湾地区	9
	20. 南沙地区	3
	21. 北部湾地区	11
	22. 滇缅泰地区	14

第四节 柳树在生产实践中的通俗叫法

在实际生产、生活过程中，人们为方便起见，会采用不同的标准对柳树进行权宜分类，如，按照树形大小分为乔木柳、灌木柳；按照用途分为观赏柳、用材柳；按照用材方式分为编织柳、能源柳、生态柳；按照形态分为垂柳、直柳；按照育种来源分为杂交柳、本柳；等等。权宜分类的好处是避开学术分类的繁琐，生产中使用简便；其缺点是容易产生歧义，无法在学术交流中通用。下面对在生产中经常被使用的一些通俗名称，如乔木柳、灌木柳，垂柳、能源柳、编织柳、观赏柳、苏柳、杂交柳等，作一简介。

1. 乔木柳

也称直柳。乔木的概念虽有歧义，但是作为一种明

显的特征，常被分类学家引用。一般地，只要主干明显，且树高达数米至数十米以上，且形成明显离开地面的冠幅，即可认为是乔木。所以，有些原本属于灌木的柳树，通过整形，培养出主干和树冠，在园林绿化中也可认为是乔木柳。在自然种与人工杂交种中，属于乔木的种类很多，如大白柳、旱柳、垂柳、龙爪柳等。但是，生产实践中人们常常只把用于木材生产的主干通直高大的柳树种类称为乔木柳，也称"直柳"，而把垂柳、龙爪柳等归于观赏柳。

2. 灌木柳

生产实践中，灌木柳并非特指灌木柳组（Sect. *Arbuscella* Ser. ex Duby）的 4 个种，也不专指 *Salix saposhnikovii*（灌木

乔木柳苏柳 785

灌木柳苏柳 2521

编织柳簸杞柳 JW8-26

观赏柳苏柳'瑞雪'

柳），而泛指那些具丛生枝条、无明显主干与树冠的柳树。包括所谓的编织柳、能源柳等。柳属大多数种类为灌木柳。

3．垂柳、黄垂柳

垂柳生产上泛指枝条下垂的乔木柳，广义上包括垂柳（*Salix babylonica* L.）、垂柳原变型（*Salix f. babylonica*）和变型（曲枝垂柳 *Salix f. tortuosa* Y. L. Chou）、朝鲜垂柳（*Salix pseudo-lasiogyne* Levl.）及绦柳（*Salix matsudana* f. *pendula*）等。人工培育的杂交种金丝垂柳系列新品种，如金丝垂柳 1011（*Salix × aureo-pendula* '1011'），金丝垂柳 1010（*Salix × aureo-pendula* '1010'），金丝垂柳 841（*Salix × aureo-pendula* '841'），金丝垂柳 842（*Salix × aureo-pendula* '842'）等，常简称为黄垂柳或金丝柳。垂柳在园林绿化上广泛使用，尤其多用作水岸景观树种。

4．能源柳

用于培养生物质能源作为化石能源替代物的人工林称作能源林。所谓能源柳即是指用于此类能源林建设的柳树种类，主要为高生物量的灌木类柳树。

5．编织柳

指一类枝条可用于编织的灌木柳，这类柳树枝条细长均匀、有韧性。在一些地方，杞柳或簸箕柳有时也泛指编织柳，而并不专指杞柳组（Sect. *Caesiae* A. Kern）的杞柳（*Salix integra*）和筐柳组（Sect. *Helix* Dum.）的簸箕柳（*Salix suchowensis*）等。编织柳人工栽培品种中，簸杞柳 Jw8-26 及杞簸柳 Jw9-6 为江苏省林业科学研究院选育出的杞柳与簸箕柳的杂交种无性系，在生产上得到大量推广。

6．沙柳

通常指生长在沙漠的一类灌木柳属植物。主要是北沙柳，也含小红柳、油柴柳等。枝条丛生不怕沙压、根系发达、萌芽力强，是固沙造林树种。已成为北方防风沙的主力，是"三北防护林"的首选之一。

7．观赏柳

具特殊观赏性的柳树，如枝条下垂的垂柳、枝条黄色且下垂的金丝垂柳、花芽发达的银芽柳、叶色变异的花叶柳等，生产与生活实践中统称为观赏柳。观赏柳可用于绿化造景，也可以用作室内陈列观赏。

8．银柳

银芽柳的通称，以花芽大、花苞被长银白毛而得名，其中包括棉花柳、细柱柳、吐兰柳、黄花柳及其杂种，并非专指银柳（*Salix argyracea* E. Wolf.）。商业售卖的银芽柳通常风干染色，作为室内插花等。

9．杂交柳

人工杂交培育出的柳树新品种统称为杂交柳。其中由江苏省林业科学研究院选育出的柳树良种，通称为苏柳。按照国际杨树委员会规范要求，种加名中带有江苏"jiangsuensis"字样，简称为苏柳。苏柳系列新品种含乔木柳、灌木柳、能源柳、观赏柳、编织柳等各型。苏柳172、苏柳795、苏柳799等杂交柳以其显著的生长优势，在生产上成功进行大面积推广，已经逐渐成为华北、西北等地区柳树人工林的主栽品种。2004年开始在国内商业推广的'竹柳'，据专家学者研究，其属于旱柳的种内或种间杂种。

第三章
中国柳树种质资源收集保存与共享

第一节 柳树种质资源的收集与保存

新中国成立以来，伴随着社会主义建设事业的发展，城乡绿化事业和林业生产不断发展，柳树在用材、工艺编织品生产以及园林绿化上得到广泛的应用，从20世纪60年代起，江苏省开始立项从事柳树专题研究，柳树种质资源研究工作开始起步。进入90年代，国民经济发展进入新阶段，生物质能源生产、污染环境修复、困难地造林以及碳汇林业等成为新时期林业生产的重点任务。除了传统用途外，柳树在造纸、护坡、生物修复、困难地造林以及生物质能源林生产等方面都得到更多的研究与应用。生产上对柳树种质资源的多样性提出了更多的要求，柳树种质资源收集保护和研究得到快速的发展。

一、柳树种质资源的收集

系统的柳树种质资源收集保存工作开始于1962年，当年江苏省科学技术委员会（以下简称科委）立题开展柳树杂交技术研究，江苏省林业科学研究所组建柳树研究课题，涂忠虞先生牵头，从江苏省开始收集调查和收集保存国内柳树育种资源，以选育柳树造林良种。1986年起，柳树研究得到国家科委（科技部）和林业部（现国家林业和草原局）的支持，柳树育种及栽培技术研究列入国家科技攻关计划。江苏省林业科学研究所主持，成立了由陕西、宁夏、甘肃、山东、河北、天津、北京、吉林和辽宁等地相关机构参加的全国性的柳树科研协作组，在全国范围内开展柳树优良类型调查、采种、保存、引种和多点区域性试验工作。在科研协作过程中，先后从全国各地收集保存了80多个种的柳树种质资源，定植在江苏省南京市江宁区、洪泽县和徐州等地。之后，除了国家支持外，山东、甘肃、黑龙江及吉林等相关省份也陆续开展柳树良种选育以及栽培技术研究工作，各单位也相继收集保存了一批柳树种质资源。通过以上工作，科技工作者基本掌握了我国柳树种质资源的情况，收集保存了大多数有重要经济价值和科研价值的种质资源。

1998年，国家林业局立项，由江苏省林业科学研究院（简称林科院）实施"柳树新品种种质资源的引进"项目，在对国内柳树种质资源的梳理、整合的基础上，针对新时期我国林业生产的需求情况，从美国和英国引进了一批我国缺乏的耐寒、耐旱及高生物量柳树种质资源；2003年，西北农林科技大学从瑞典引进了一批用于能源林生产的灌木柳树品种，在我国进行栽培试验。这些外来柳树资源，丰富了我国柳树的种质资源类型，已广泛用于杂交育种和造林试验。2003年，科技部和国家林业局国有林场和林木种苗工作总站在全国范围内组织相关省级种苗站和林业科研院所开展全国林木种质资源调查摸底和梳理整合工作，由中国林科院组建国家林木种质资源共享信息平台，并负责联合各保存单位建设中国林木种质资源平台基本保存库。2004年起，柳树种质资源收集保护工作纳入国家林木种质资源平台，江苏省林科院等柳树研究机构相继将收集保存的柳树种质资源开始纳入国家保存库共享。

为了充实国家平台的柳树种质资源，满足全国范围内的柳树生产需要和不断增加的柳树科研需要，2010年起，江苏省林科院在相关省份林业科技和管理部门的配合下，在湖北、黑龙江、吉林、辽宁、甘肃、浙江、山东、河南、内蒙古、河北等我国柳树栽培种质资源丰富的省份开展调研，记录了重要柳树种质资源的保存地信息，并收集保存160多个柳树野生原种株。针对前期引进国外资源在国内的表现情况，江苏林科院2012年度从美国康奈尔大学、密西西比大学和美国橡树岭国家实验室等地进行柳树资源考察和交流，并引进了94份包含美国部分商业品种在内的柳树种质资源。

到2012年底，国内持续开展柳树种质资源研究的单位还有西北农林科技大学、中国林科院、内蒙古森林与环境科学研究院、山东省林科院和吉林省白城市林科院等单位，收集保存了大多数有经济价值或有潜在改良价值的、可在平原地区保存的柳树资源，基本满足我国柳树的生产和科研需要。

二、柳树种质资源的保存

柳树无性繁殖容易，个体变异大，生产上以无性系利用为主。世界各国几乎都是以无性系方式开展柳树良种选育和造林生产的，因此，柳树种质资源一般以无性系方式保存。由于经济价值高的柳树种质资源一般分布在平原地区，容易因人畜损害或者单一无性系的大面积生产而造成种质资源流失；此外，在南方平原地区，由于高温高湿，柳树还容易因病虫害等原因导致柳树植株较早死亡，平原地区柳树种质资源一般不适于原地保存。但在东北、西北和西南地区一些较少受到人为活动影响的高山或湿地地区，自然保存着一些野生群体和一些百年林龄以上的柳树。因此，在全国范围内，有意识开展柳树种质资源保存的机构较少，以迁地集中保存为主，少见有意识的原地保存和分散保存。主要育种和生产所需的种质资源均是以迁地保存的形式集中定植在相关研究机构和生产单位。

柳树无性繁殖容易，资源收集保存时，一般均可全年采集枝条，及时繁殖成苗，次年可用于定植保存和观测；对于有些不适应生长保存地的柳树资源，采取每年或每隔2~3年连续扦插繁殖的方式，可显著降低资源灭失的可能性，并逐步驯化其适应性。为了进一步保证资源的安全性和共享利用，在采集资源的同时，一般还尽可能详细地记载保存地的信息和资源特征信息，以防迁地保存资源不成功时再次采集，或者直接采集花枝和营养枝用于科研和生产。对于一些收集保存特别困难的资源，则通过其与不同种类的乡土类型杂交，选择一定数量的优良杂交后代群体加以保存，作为替代方案。此外，研究机构通过杂交育种试验等种质创新活动产生的优良新种质，则多采用试验地原地保存和新品种异地集中保存的方式加以保存。试验地保存为临时性保存，迁地保存为长期性保存。为提高资源保存效率和满足科研需要，近年来一些研究机构也在积极探索柳树花粉保存、组织培养保存和DNA保存的现代保存技术，尤其在花粉保存和组织培养保存技术方面，取得了显著进展。

为了提高柳树种质资源的保存效率和

资源安全性，并降低保存成本，长期性保存的柳树种质资源一般采取集中保存、密植造林、集约管理。对于乔木类柳树，一般采取每亩111~222株的密度植苗或插干造林保存，3~5年平茬一次，每9~12年结合土壤改良或换茬更新一次；对于灌木类柳树，则可按每亩扦插4000~10000株的密度造林保存，每2年平茬一次。

国内目前保存柳树资源最多的机构是江苏省林业科学研究院，保存了40多个种的各类种质资源约2000份。其他从事柳树种质资源保存的单位还有中国林科院，约保存柳树种质资源50多份；西北农林科技大学保存种质资源40多份，甘肃省临夏州林科院，保存柳树种质资源100多份；其他还有山东省林科院、四川省林科院、黑龙江省森林与环境科学研究院、吉林省白城市林科院以及西藏自治区林科院等机构也保存数量不等的柳树资源。

柳树种质资源保存林

第二节 柳树种质资源数据描述

一、国家林木种质资源共性描述

为了充分满足我国林业生产的需要，并促进我国林木种质资源的多功能利用，从 2003 年起，中国林科院组织全国相关林木种苗生产管理和科研单位，组建"国家林木种质资源共享信息平台（NFGRP）"项目课题组，在全国范围内开展林木种质资源的摸底调查，并联合有条件的单位建设林木种质资源保存库（点）；同时研究制定中国林木种质资源的共性描述标准，在此基础上，构建国家林木种质资源共享信息网络服务平台。

共性描述标准作为 NFGRP 网络平台共享资源的基本描述语言，主要提供林木种质资源的保存、用途和共享方式等方面的基本信息。作为柳树种质资源的主要保存单位，江苏林科院 2004 年参与研制了国家林木种质资源共性描述标准，到 2005 年，共性描述标准试行本已经完成。共性描述标准为提交给国家平台共享的所有林木种质资源以及每份种质资源提出了统一的规范性的描述性状和描述语言，用户根据基本信息，可向平台或资源拥有单位了解相关资源的详细信息，以确定该份资源是否能够满足自身的需要。2005 年以来，除江苏省林科院外，陆续有中国林科院、陕西省林业厅种苗管理站、山东省林业厅种苗站和内蒙古自治区林业厅种苗站等机构，把各自保存或调查发现的野生柳树种质资源逐步按照林木种质资源共性描述标准的要求，提供了共性描述信息，并提交平台共享。

NFGRP 发布的林木种质资源共性描述标准遵从国家自然科技资源平台的技术标准。目前已经发布《林木种质资源共性描述标准》（2004，2005）的试行本，其描述信息共计包含 46 个字段（属性）。根据该描述标准，NFGRP 课题组成员陆续向平台提交共享资源，网络平台对全社会开放，用户可根据共性信息向平台或种质资源保存单位提出资源共享申请。到 2012 年底，平台共保存林木种质资源 204 科、866 属、2116 种、6.8 万份，通过网站实现信息共享 5.3 万份。

共性描述标准主要描述内容有"护照信息"、"标记信息"、"基本特征特性描述信息"、"其他描述信息"、"收藏单位"及"共享方式"六部分的信息，每部分信息包含多种填报项或选择项。

"护照信息"主要填写每份种质资源的平台统一编号、资源编号、名称、科属名、种质外文名、原产地、来源地等字段，属于资源内部管理信息和部分检索信息。

"标记信息"（类型与特征信息）主要为共享价值类信息，包含资源归类编码、资源类型（野生群体、野生家系、野生个体、地方品种、选育品种、品系、遗传材料等）、主要特性（高产、优质、抗逆性、观赏等）、主要用途和所在气候带等信息。

"基本特征特性描述信息"为资源的生物学习性，包含生长习性、生育周期、特征特性、具体用途、观测地点、系谱、繁殖方式、选育单位（选育年份、海拔、经度、纬度、土壤类型、生态系统类型、年均气温、年均降水量）等。

"其他描述信息"包含图像、记录地址、保存单位、单位编号、库编号、圃编号、引种号、采集号、保存资源类型 [1：植株，2：种子，3：种茎，4：块根（茎），5：花粉，6：培养物，7：DNA，8：其他]、保存方式、实物状态等。

二、柳树种质资源个性描述

借助林木种质资源共性描述标准，用户可以获得柳树种质资源的六大类 46 个共性信息。但这些信息没有涉及柳树种质资源的形态学特征、经济学、生态学性状等柳树的属内或种内区别特征或与资源利用相关的属性特征，即种质资源的个性特征，尤其是具体的数量化特征信息。只有提供种质资源尽可能多的个性信息，尤其是数量化的经济性状适应性性状信息（比如某份种质在某地具体的增产率等），才能充分发挥其使用价值，提供尽可能多的柳树种质资源的个性描述信息是充分发挥资源共享价值的必要条件。个性特征的数量和描述依赖于针对该份资源科学研究的广度和深度。

针对用户而言，从共性标准获得某份种质的基本信息后，还要向平台或资源拥有单位了解相关资源具体性状的详细信息，了解其与当地生产种质的对比表现后才能确定该份资源是否满足需要；如果不能获得需要的具体数量化信息，用户获取资源后还需进行进一步的试验研究才能确定是否可用于生产。由于个性描述标准包含该份资源尽可能详细的信息，用户根据个体特征信息即可基本确定是否符合需要，用户不需要测试可立即投入生产应用，大大提高资源查询和共享效率。因此，制定每个树种的个性描述标准是 NFGRP 下一步的主要工作目标之一。2013 年，NFGRP 选择了几个研究基础较好的树种，开始研究制定林木种质资源的个性描述标准。

柳树作为广域分布、功能多样、研究和栽培历史悠长的树种，在个性描述研究方面，具有较好的工作基础，是 NFGRP 确定先行启动个性描述标准研究树种之一。

（一）国际柳树种质资源个性描述情况

柳树是国际上研究较多、生产应用较广泛的树种，尤其在阿根廷、智利、英国、美国和瑞典等欧美国家，柳树在用材林、景观林、生物能源林和生态林方面都具有广泛的应用，并且在各个利用方向上都选育了相应的良种。国际上公开发布的与柳树种质资源个性描述相关的技术标准是国际植物新品种保护联盟（UPOV）2006 年 发 布 的《GUIDELINES FOR THE CONDUCT OF TESTS FOR DISTINCTNESS，UNIFORMITY AND STABILITY—WILLOW》（TG/72/6）（《柳树特异性、一致性和稳定性测试指南》，该指南的目的是规范国际上柳树新品种形态描述语言，并利用该指南建立柳树已知品种数据库。UPOV 或育种者可根据该指南和已知品种数据库，检测或鉴定一个未知品种的新颖性、特异性和一致性，从而决定是否申请新品种保护，是否受理申请或授予柳树品种权。UPOV 柳树测试指南共有 23 个测试性状，每个性状均采取量测或目测方式，每个性状描述均采取多项选择方式勾选。为避免一些定性描述性状的主观性误差，每个性状的每个选项内容，多采用相应的对照品种或用示意图例作为定性描述时的参考。此外，为

提高描述的规范性和可比性，指南中每个性状的测试时间、测试数量、测试方法都有详细具体的要求。23 个测试性状如下：

1. 性别：雄性，雌性，单性雌雄同株，雌雄同体；
2. 发芽时间：很早，早，中等，迟，很迟；
3. 主干形态：直立，稍弯，中等弯曲，较强弯曲，扭曲；
4. 主梢中部 1/3 阳面颜色：黄，橙，灰，灰绿，浅绿，中等绿色，褐绿色，灰褐色，红褐色，褐色；
5. 主梢被毛：无或极少，少，中等，多，很多；
6. 主梢皮孔：无或极少，少，中等，多，很多；
7. 主干叶芽颜色：浅绿，中等绿色，褐绿色，褐色，褐色微红；
8. 主干梢部叶芽：被毛，无或极少，少，中等，多，很多；
9. 主干超过 5cm 长的分枝数：无或极少，少，中等，多，很多；
10. 分枝：主干中部 1/3 处与侧枝基部（5cm 长）的夹角，很小，小，中等，大，很大；
11. 分枝形态：向上弯曲，直伸，下垂，先下弯，后上弯；
12. 分枝阳面颜色：黄绿，灰绿，绿，灰褐，红褐，褐色；
13. 叶片中脉长度：很短，短，中等，较长，很长；
14. 叶片中脉宽度：很窄，窄，中等，宽，很宽；
15. 叶片：最宽处的位置，中部以下，近中部，中部以上；
16. 叶片基部形状（图 3-1）：锐尖，急尖，圆尖，钝尖，截形，心形；

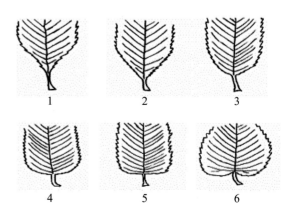

图 3-1 叶片基部形状
1.锐尖；2.急尖；3.圆尖；4.钝尖；5.截形；6.心形

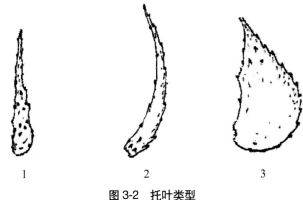

图 3-2 托叶类型

1.披针形；2.象牙形；3.卵形

17.叶片正面颜色：黄绿，浅绿，中等绿色，暗绿，灰绿，蓝绿，红绿，花叶；

18.叶片正面被毛：无或极少，少，中等，多，很多；

19.叶片背面被毛：无或极少，少，中等，多，很多；

20.叶柄长度：很短，短，中等，较长，很长；

21.叶柄上部颜色：黄绿，绿色，红绿，紫绿；

22.托叶长度：很短，短，中等，较长，长；

23.托叶类型（图 3-2）：披针形，耳形，卵形。

（二）我国柳树种质资源的描述标准

为了促进我国与国际植物新品种交流和知识产权保护，我国 1999 年加入 UPOV 组织。为了尽快开展我国的柳树新品种权保护工作，2006—2011 年，国家林业局植物新品种保护办公室组织研制了《植物新品种特异性、稳定性和一致性测试指南——柳属》，用于柳树新品种的区别和鉴定，并作为我国柳树新品种权申请、受理和授予的依据，该指南是我国唯一一个具有柳树种质资源特性描述性质的国家标准，为柳树种质资源特性描述打下了较好的基础。

《植物新品种特异性、稳定性和一致性测试指南——柳属》（GB/T 26910—2011）2011 年发布，历时 5 年，遵循了 UPOV 柳树测试指南的编制原则和理念，以形态特征为依据。根据我国柳树种质资源多样性丰富、经济用途更加广泛的特点，我国的柳树测试指南在全部采纳 UPOV 测试指南的 23 个描述性状及其描述规范的基础上，增加了 15 个描述性状，使得我国的柳树测试指南的描述性状达到 38 个；同时把 UPOV 测试指

南中的对照品种全部改换为国内品种，并对其中的部分叶片性状增加了示例图片，对第 23 个描述性状（托叶类型），增加了一个描述字段（选项）。增加或补充的描述性状如下：

1.株型：乔木，灌木，矮灌木，小乔木；

2.叶片基部腺点：无，有；

3.叶片形状（图 3-3）：窄倒卵形，卵状，阔披针形，披针形，长披针形，线形；

4.叶片：最宽处的位置，中部以下，近中部，中部以上（图 3-4）；

图 3-3 叶片形状

1.披针形；2.窄倒卵形；3.卵形；4.阔披针形；5.长披针形；6.线形

图 3-4 最宽处位置

1.中部以下；2.近中部；3.中部以上

5. 叶片锯齿：深，浅，近全缘（图 3-5）；

6. 叶片被粉：无，被浅绿色粉，被白色粉（图 3-6）；

7. 叶片着生方式：对生，近对生，互生（图 3-7）；

8. 叶柄长度：很短，短，中等，较长，很长（图 3-8）；

9. 托叶长度：很短，短，中等，较长，长（图 3-9）；

10. 托叶类型：披针形，钻形，耳形，象牙形，卵形，心形（图 3-10）；

11. 枝条柔韧性：好，中，差；

12. 花枝长度：短，中等，长；

13. 花枝花芽间距：短，中等，长；

14. 花枝花芽颜色：灰色，灰白，银白；

15. 植株封顶时间：早，中，晚。

将 UPOV 指南中的第 23 个性状增加了一个选项"心形"，参见图 3-2。指南中每个性状的多数描述字段也都列出了对照品种。以上标准的制定是基于 UPOV 柳树测试指南和我国当前柳树种质资源研究及已知品种的现状，应用以上标准，大体可以把我国已知柳树品种全部描述和区别清楚。

图 3-5 叶片锯齿

1.锯齿深；2.锯齿浅；3.近全缘

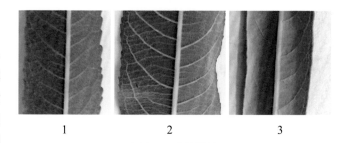

图 3-6 叶片被粉

1.叶片无被粉；2.被浅绿色粉；3.被白色粉

图 3-7 叶片着生方式

1.叶片对生；2.叶片近对生；3.叶片互生

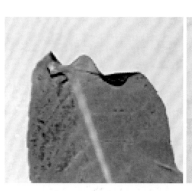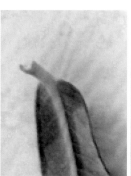

图 3-8 叶柄长度

1.很短；2.短；3.中等；4.较长；5.很长

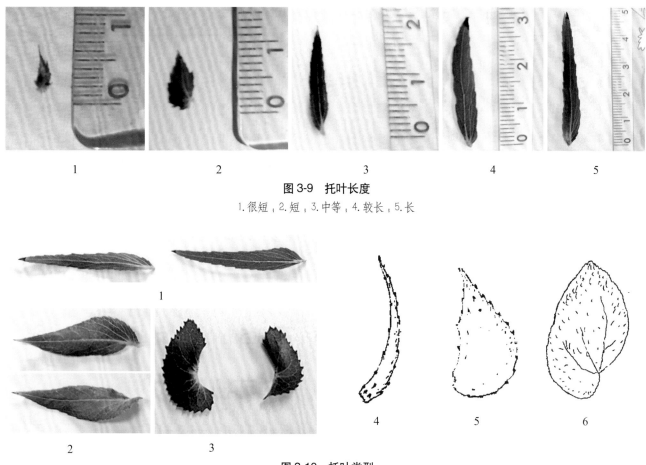

图 3-9 托叶长度

1.很短；2.短；3.中等；4.较长；5.长

图 3-10 托叶类型

1.披针形；2.钻形；3.耳形；4.象牙形；5.卵形；6.心形

第三节 柳树种质资源信息共享

国家林木种质资源共享信息平台建设以来，相继有江苏省林业科学研究院、山东省林业厅种苗站、陕西省林业厅种苗管理站、内蒙古自治区林业厅种苗站以及中国林科院等单位先后参与平台建设，并陆续提交柳树共享种质资源 2400 多份，其中江苏省林业科学研究院提交 1432 份，包含 55 个种、854 份野生种质、570 份杂交无性系、8 个良种。根据国家林木种质资源平台（NFGRP）制定的共性信息描述标准，各单位已经把现存种质资源进行了标准化整理整合，以护照信息表、林木种质资源共性描述表和林木种质资源个性描述表的方式，提交国家种质资源共享信息平台网络，供全国用户浏览和选择共享。用户可通过注册会员与非注册会员的方式，登陆"国家林木种质资源共享信息平台"（http://www.nfgrp.cn）浏览。该平台提供多种查询方式，方便各类用户根据需要直接输入关键词，快捷地得到查询结果，查询方式主要有科属名、种名、保存机构、用途、特性等。

第四章
中国柳树种质资源评价与创新

第一节 中国柳树种质资源评价

对种质资源的某个特性进行测定、描述、比较，从而选出目标性状上表现突出，有直接或潜在利用价值的种质，称之为种质资源的评价。进行种质资源评价是开展育种工作的基础，也是种质创新的主要来源。我国野生的植物资源极为丰富，植物种质资源是人类的宝贵财富。没有好的种质资源，就不可能育成好的品种，植物育种发展进程的事实表明，突破性成就决定于关键性基因资源的发现和利用，柳树育种也不例外。

柳树虽然地理分布区天然隔离，但因风媒、风折、虫鸟兽、河流搬运等因素，种间、种内易杂交，自然界存在大量的自然变异类型和柳树自然杂种，这为柳树种质资源评价造成了一定的困难。由于柳树研究起步较晚，目前柳树种质资源评价主要集中在形态学评价、生长性状评价、材性评价、抗性评价（抗逆性评价、抗病虫性评价、抗污染性评价）等。

一、形态学评价

柳树的形态学特征是区别于其他植物最基础的特征，包括茎的性质、叶序、整体的形状、叶片形状、叶尖、叶基、叶脉、叶缘、叶裂、花、果实、株型结构等，对柳树的形态学进行评价，可以为柳树育种及栽培措施提供一定的依据，对研究柳树的观赏性状也具有一定的指导意义。

（一）株型结构评价

柳树的株型结构是由不同的干形和冠形构成，包含树干、分枝和叶片。由于树干、树枝和树叶的组成比例不同，以及空间分布的差异，形成了不同的柳树株型结构的多态性。株型结构是影响柳树生长量、观赏性以及栽培措施的重要因素，对株型结构进行评价，对于柳树育种具有一定的指导意义。

廖桂宗等（1983）以旱柳、白柳、垂柳、钻天柳和垂柳之间的 16 个杂种无性系为研究材料，在株型变量间

相关性研究的基础上，应用因子分析法研究了柳树的株型结构特征。

结果表明，试验无性系的株型结构可分为四类，四种株型结构示意如图 4-1 所示。

第一类株型：主干优势型，属于主干性状极好，树干尖削度小，树冠相对尺寸较小，主干重量比例大，分枝和叶比例较小，该类柳树适于密植。苏柳 455、苏柳 194、苏柳 333 和苏柳 390 生长量大、干材率高，是一种高产株型，为第一类；其中苏柳 194 和苏柳 455 树冠狭窄，而苏柳 390 和苏柳 333 树冠较开阔。

第二类株型：枝叶优势型，叶的相对重量较大，树干尖削度大，树干上部枝叶量大，适于作为饲料用或药用林品种。P19（旱柳）、苏柳 394、苏柳 354 和苏柳 273 总生长量低、干材率低，属于低产株型，为第二类。

第三类株型：匀称型，单株生物量大，尖削度大，适于低密度栽培或在造林过程中加强抚育管理。但适于灌木化培育，生产生物能源产品。苏柳 543、苏柳 172、苏柳 224 和苏柳 440 总生长量大而干材率低，为第三类。

第四类株型：尖削型，分枝位于树干上部，枝叶量小，但整株生物量小，分枝细小，适于行道树等。苏柳

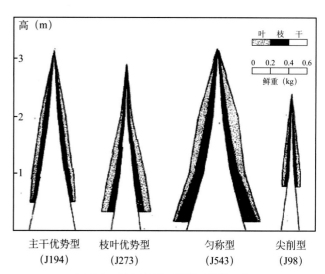

图 4-1 乔木柳树四种株型结构示意

635、苏柳 98、苏柳 211 和苏柳 421 总生长量低但干材率高，为第四类。

（二）叶形评价

柳树叶片的形状常以长 / 宽比、最阔部分的位置和叶的象形来进行描述，常见的有针形、条形、披针形、矩圆形、椭圆形、卵形、菱形、心形、圆形、肾形。

对柳树叶片的形状进行评价，可以为柳树的分类提供一定依据。

涂忠虞（1994）对多个柳树树种实生苗叶面大小、叶形、叶柄长、托叶、叶缘、叶基等遗传与变异进行了研究。结果表明，叶长、叶宽、叶长 / 叶宽比，多数杂种表现近似于亲本平均值，杂种间变异大于杂种内变异。叶缘、叶基及叶尖形状分别相似于母本或父本。

具披针叶形的垂柳、旱柳和朝鲜柳为母本与紫柳杂交，其杂种绝大多数为披针形叶，叶形比数近似等于亲本平均值。垂柳 × 棉花柳 1/3 单株为披针形叶，2/3 单株为长椭圆形叶，杂种平均叶形比数近似等于亲本平均值。簸箕柳 × 川滇柳 77.14% 单株为线形叶，22.86% 的单株具披针形叶。

（三）叶形变异幅度

江苏省林科院对旱柳、垂柳、白柳、细柱柳、黄花柳、蒿柳、腺柳、银芽柳、杞柳、欧洲红皮柳、紫柳、黑柳、龙爪柳和钻石柳等 14 个乔木柳、灌木柳原种株和 7 个杂交无性系群体进行形态学观测，将所得到的数据进行统计，其主要结果见表 4-1、表 4-2 和表 4-3。统计结果表明，柳树种内和种间叶片大小和叶形变异很大，种内叶片长度和长宽比值的两端极值差距可达 3 倍，而反映叶形的重要指标叶片长宽比变幅相对较小，一般在 4~6 之间，以簸箕柳、蒿柳长宽比较大，黄花柳和紫柳较小。

表 4-1 中，在所调查的乔木柳中，旱柳的叶长和叶宽均小于其他乔木柳，但旱柳叶片长度变幅很大，从 4.5cm 到 16.4cm，宽度从 0.9 到 2.8cm，长宽比从 3.4 到 11.2。腺柳的叶长、叶宽和叶柄长均大于其他乔木柳，叶片大小和变幅也最小。所调查的柳树种中，腺柳的叶片最大，旱柳的叶片最小；黑柳的长宽比最大，紫柳的长宽比最小，即黑柳的叶片较狭长，紫柳叶形更偏向椭圆形。

由表 4-2 可知，在所调查的灌木柳中，簸箕柳的叶

长最长，黄花柳的叶长最短；黄花柳叶宽最宽，欧洲红皮柳叶宽最窄；簸箕柳长宽比最大，黄花柳长宽比最小，即簸箕柳叶片较狭长；钻石柳的叶柄最长，欧洲红皮柳的叶柄最短；欧洲红皮柳的侧脉对数最多，黄花柳的侧脉对数最少。

通过对乔木柳不同的种间杂交组合的测定，表 4-3 结果表明，柳树杂交后，在叶长方面，具有较明显的超亲优势，即杂交后代植株的叶片有叶长更长、长宽比更大的趋势，以旱柳和旱柳杂交后代的叶形变化最大；在所测定的 4 种类型的种间杂交组合中，只有旱柳 × 白柳后代的叶片大小和狭长度没有超过亲本。旱柳 × 白柳后代的叶长、叶宽均为最大，即垂柳 × 旱柳后代的叶片较大；垂柳 × 白柳后代的长宽比最大，旱柳 × 白柳后代的长宽比最小，即垂柳 × 白柳后代的叶片较狭长；叶柄最长的是簸箕柳 × 白柳的后代，最短的为钻天柳 × 垂柳的后代；侧脉对数最多的是簸箕柳 × 黄花柳的后代，最少的是钻天柳 × 垂柳的后代。

二、生长性状评价

柳树生长性状是最重要的经济性状，生长性状评价是选育柳树良种最重要的步骤。柳树为短轮伐或早期速生性树种，目前生产上柳树主要商品林造林模式均为短轮伐或超短轮伐期营林模式。灌木柳商品林的营林模式为高密度造林、1~3 年采伐、平茬更新，乔木柳商品林的营林模式为高密度造林、5~7 年采伐更新。因此，柳树育种实践上，主要根据柳树 1~2 年生的苗期评价测定来选择区域试验林品种，再通过区域试验选择柳树良种。苗期生长评价是选育柳树良种的关键，目前国内可见的文献以苗木测定居多。

值得注意的是，由于极易受到环境的影响，相同的柳树种质材料在不同地区，甚至同一地区不同的年度、不同立地生长表现差异很大。另外，由于长期自然杂交的原因，人们一般常见的柳树以及常用的杂交亲本均是杂合体，F_1 代有明显的分离，因此柳树不但种间差异大，种内也都有较大的遗传变异。因此，准确的柳树生长性状评价较为复杂，一个生长性状评价试验，仅能提供一些参考性数据，不能作为引种依据；要获得准确的有生产价值的信息，一定要通过引种试验。

根据柳树的生产特点，柳树生长评价多通过无性系育苗造林的方式实施。先将待研究的柳树种质扦插繁殖，

表 4-1 乔木柳原种株量测性状差异

种	项目	性状					备注
		叶长（cm）	叶宽（cm）	长／宽	叶柄长（cm）	侧脉对数（对）	
旱柳	最小值	4.5	0.9	3.4	0.4	8	北京、新疆、江苏、四川等10个省份的39份资源
	最大值	16.4	2.8	11.2	1.1	18	
	均　值	8.7	1.4	4.5	0.7	13	
垂柳	最小值	8.5	1.0	3.7	0.3	8	青海、西藏、四川、江苏等7个省份的25份资源
	最大值	16.5	3.4	9.8	1.2	28	
	均　值	12.0	2.8	5.0	0.8	18	
龙爪柳	最小值	6.2	1.1	4.4	0.5	11	云南、新疆、西藏等3个省份的3份资源
	最大值	15.1	2.4	8.4	0.9	22	
	均　值	10.5	1.8	6.0	0.7	15	
白柳	最小值	10.4	1.7	5.0	0.6	9	英国、美国等2个国家的3份资源
	最大值	15.5	3.0	7.2	1.1	13	
	均　值	12.0	2.1	6.0	0.8	11	
腺柳	最小值	11.7	2.3	2.5	0.5	11	北京、新疆、浙江等3个省份的3份资源
	最大值	14.2	5.1	5.7	1.9	14	
	均　值	13.0	3.5	4.0	1.3	13	
紫柳	最小值	4.5	1.8	2.2	0.4	7	南京、无锡等2个城市的3份资源
	最大值	13.4	4.1	5.1	1.3	13	
	均　值	10.0	2.5	2.8	0.9	11	
黑柳	最小值	8.3	1.0	5.2	0.4	9	美国的3份资源
	最大值	13.8	2.5	8.1	1.0	14	
	均　值	11.0	1.8	6.5	0.7	11	

表 4-2　灌木柳原种株量测性状差异

种	项目	性状					备注
		叶长（cm）	叶宽（cm）	长/宽	叶柄长（cm）	侧脉对数（对）	
欧洲红皮柳	最小值	4.5	0.7	3.2	0.2	9	英国、美国的17份资源
	最大值	13.3	2.6	9.5	1.5	24	
	均　值	9.0	1.5	6.0	0.6	18	
钻石柳	最小值	9.5	2.1	2.7	1.2	16	美国的5份资源
	最大值	15.3	3.3	5.2	1.8	19	
	均　值	12.0	2.6	3.4	1.5	17	
杞柳	最小值	7.0	1.0	3.4	0.2	11	中国的哈尔滨、山东等地和英国的4份资源
	最大值	17.0	2.3	9.6	1.2	22	
	均　值	13.0	1.8	6.0	0.8	17	
黄花柳	最小值	6.6	2.6	1.5	0.5	7	英国的4份资源
	最大值	8.3	5.2	3.3	1.0	12	
	均　值	7.0	3.0	2.2	0.7	10	
蒿柳	最小值	12.1	1.4	6.0	0.7	12	英国的4份资源
	最大值	15.2	2.1	8.5	1.0	20	
	均　值	13.4	1.7	7.5	0.9	16	
银芽柳	最小值	9.8	1.7	2.9	0.4	9	中国南京、上海的3份资源
	最大值	15.6	3.3	7.8	1.5	17	
	均　值	12.0	2.6	5.0	0.9	13	
细柱柳	最小值	8.1	2.0	3.0	0.7	12	英国的2份资源
	最大值	11.3	3.2	4.2	0.9	13	
	均　值	9.5	2.6	3.7	0.8	12	
簸箕柳	最小值	13.5	1.4	8.0	0.9	18	中国江苏如皋的1份资源
	最大值	14.3	1.7	9.0	1.2	24	
	均　值	13.8	1.6	8.6	1.0	22	

表 4-3　柳树杂交组合量测性状差异

杂交组合	项目	性状					备注
		叶长（cm）	叶宽（cm）	长/宽	叶柄长（cm）	侧脉对数（对）	
垂柳 × 旱柳	最小值	7.4	1.1	3.6	0.3	9	不同产地的亲本杂交后代的34份资源
	最大值	17.6	3.7	10.0	1.2	32	
	均值	13.0	2.5	5.6	0.7	18	
垂柳 × 白柳	最小值	5.5	0.9	4.2	0.3	7	不同产地的亲本杂交后代的9份资源
	最大值	17.0	2.5	9.7	1.3	19	
	均值	12.0	1.7	7.3	0.8	12	
旱柳 × 旱柳	最小值	6.3	0.4	4.6	0.4	10	不同产地的亲本杂交后代10份资源
	最大值	15.0	2.5	17.0	1.2	20	
	均值	11.0	1.5	7.2	0.7	13	
旱柳 × 白柳	最小值	6.5	1.3	3.9	0.5	9	不同产地的亲本杂交后代12份资源
	最大值	14.9	2.6	7.5	1.2	23	
	均值	10.2	2.1	5.1	0.9	16	
钻天柳 × 垂柳	最小值	3.5	0.7	3.5	0.3	7	不同产地的亲本杂交后代4份资源
	最大值	15.5	1.8	10.8	1.0	14	
	均值	8.3	1.2	6.5	0.6	11	
簸箕柳 × 黄花柳	最小值	6.9	1.1	2.1	0.8	12	不同产地的亲本杂交后代5份资源
	最大值	19.5	3.8	14.0	1.3	38	
	均值	12.3	2.7	5.9	1.0	22	
二色柳 × 黄花柳	最小值	6.6	1.0	2.6	0.6	9	不同产地的亲本杂交后代4份资源
	最大值	14.9	4.1	12.3	1.0	38	
	均值	10.2	1.8	5.1	0.8	19	

形成无性系，进行无性系测定；无性系测定时供测无性系数一般为50～100个，具体分为苗期测定和林期测定两个阶段。柳树一般进行扦插育苗，在苗圃进行1～2年无性系苗期测定，再进行多年多点的区域性试验，3～5年后再进行一次无性系林期测定。

（一）评价指标

生长性状的评价指标主要包括树高、胸径、生长节律、年生长量、年蓄积量、材积等。

（二）生长表现情况

江苏省林科院涂忠虞等对柳树自然原种株、杂交原种株、自由授粉的原种株、杂交家系和杂种无性系在南京生长状况进行了较为系统的评价。

1. 自然种

旱柳：对保存的23个产地的48个株系进行测定，结果表明，在南京，南方旱柳优于北方旱柳，东北及西北产地的旱柳生长较差；生长较快的有四川的P44、P45，

山西的P48、P49，山东的P89，江苏的P31。

垂柳：对保存的10个产地的25个株系进行测定，结果表明，在南京，北方的垂柳生长不良，如哈尔滨垂柳P20，6年生的树高和胸径生长量仅是P8（江宁垂柳）4年生长量的44.62%～63.29%；生长较快的有四川灌县的P164、P159，成都的P13，江苏的P1和P160。

白柳：对保存的4个产地的11个株系进行测定，结果表明，在南京，白柳生长不良，8～9月便封顶落叶，扦插当年生长稍低于旱柳，从第二年起生长极度减慢，甚至干枯死亡；保存的11个株系中，生长较好的为新疆额尔齐思河的P265。

爆竹柳：爆竹柳原产欧洲及前苏联，我国东北有引种栽培，仅见雄株。收集到4个产地5个株系。爆竹柳不适应南京的气候条件，生长较差，扦插当年高可达2m，2～3年后地上部分干枯死亡。

2. 杂交家系（表4-4）

旱柳×垂柳：对5个杂交组合22株原种株进行测定，结果表明，5年生平均树高8.80m，平均胸径8.67cm。根

表4-4　5年生乔木柳杂交种生长评价

杂交组合	株数	性状	最小值	最大值	均值
旱柳×垂柳	22	树高（m）	7.65	9.65	8.80
		胸径（cm）	6.47	9.07	8.67
旱柳×旱柳	75	树高（m）	6.76	9.32	8.23
		胸径（cm）	5.93	9.99	8.37
垂柳×旱柳	85	树高（m）	7.00	10.80	8.29
		胸径（cm）	5.70	15.50	8.78
垂柳×垂柳	4	树高（m）	7.60	9.00	8.20
		胸径（cm）	8.90	11.50	10.05
旱柳×白柳	78	树高（m）	7.03	8.30	7.92
		胸径（cm）	5.56	11.36	6.26
垂柳×白柳	32	树高（m）	7.50	8.20	8.07
		胸径（cm）	4.80	10.25	6.11
旱柳×爆竹柳	10	树高（m）	5.00	9.05	7.00
		胸径（cm）	5.50	9.27	7.96
垂柳×爆竹柳	17	树高（m）	7.71	9.80	8.38
		胸径（cm）	6.72	9.40	7.87
旱柳×云南柳	32	树高（m）	7.58	9.25	8.66
		胸径（cm）	6.00	8.49	7.87

据生长表现，母本为北方旱柳的杂交组合，其生长量低于母本为南方旱柳的杂交组合。

旱柳 × 旱柳：对 17 个杂交组合 75 株原种株进行测定，5 年生平均树高 8.23m，平均胸径 8.37cm。亲本产地相距较远，则杂交后代生长较快。

垂柳 × 旱柳：对 8 个杂交组合 85 株原种株进行测定，结果表明，5 年生平均树高 8.29m，平均胸径 8.78cm。

垂柳 × 垂柳：对 2 个杂交组合 4 株原种株进行测定，结果表明，P18（四川灌县）×P20（哈尔滨）的生长量高于 P2（南京）×P20（哈尔滨）；P18（四川灌县）×P20（哈尔滨）中的 631 号原种株 5 年生平均树高 7.6m，胸径 11.5cm。

旱柳 × 白柳：对保存的 7 个杂交组合 78 株原种株进行测定，结果表明，5 年生平均树高 7.92m，平均胸径 6.26cm。

垂柳 × 白柳：对 5 个杂交组合 32 株原种株进行测定，结果表明，5 年生平均树高 8.07m，平均胸径 6.11cm。其中 P2（南京）×P255（乌鲁木齐）生长较快。

旱柳 × 爆竹柳：对 4 个杂交组合 10 株原种株进行测定，结果表明，5 年生平均树高 7.00m，平均胸径 7.96cm。其中 P169（四川灌县）×P143（哈尔滨）生长较快。

垂柳 × 爆竹柳：共杂交 2 个组合，其中 P1（南京）×P99（哈尔滨）在南京初期生长良好，3 年后生长减慢，以致地上部干枯死亡。P185（四川灌县）×P143（哈尔滨）在南京生长正常，初选出 9 株原种株 5 年生平均树高 8.38m，平均胸径 7.87cm。

旱柳 × 云南柳：对 3 个杂交组合 32 株原种株进行测定，结果表明，5 年生平均树高 8.66m，平均胸径 7.87cm。其中 P89（山东济南）×P91（云南楚雄）生长较快。

3. 自由授粉家系

采种母株 21 株，其中垂柳 4 株，旱柳 2 株，垂柳 × 旱柳 2 株，（旱柳 × 钻天柳）× 旱柳 10 株。一共初选 72 株优良单株，5 年生平均树高 8.38m，平均胸径 8.27cm。

4. 杂种无性系

1975—1983 年进行了 4 个杂交组合杂种无性系的生长测定，垂柳 × 漳河旱柳 1 年生平均苗高和地径分别为 1.74m 和 1.08cm，漳河旱柳 × 青皮旱柳 1 年生平均苗高和地径为 1.12m 和 1.08cm，（垂柳 × 白柳）× 漳河旱柳 1 年生平均苗高和地径为 0.93m 和 0.65cm，（旱柳 × 钻天柳）× 漳河旱柳 1 年生平均苗高和地径为 1.3m 和 0.87cm。

1983—1986 年对 19 个杂交组合 234 个杂种无性系进行了 4 次苗期测定，各无性系间的生长表现出一定的差异。其 1 年生的苗高的变幅为 1.11～3.18m，平均苗高为 1.89m；1 年生的地径的变幅为 0.85～2.26cm，平均地径为 1.39cm；2 年生的苗高变幅为 2.33～5.52m，平均苗高为 4.16m；2 年生的地径变幅为 2.06～5.06cm，平均地径为 3.55cm。

三、木材性状评价

（一）评价指标

木材的材性评价指标包括基本密度、纤维含量、气干密度、顺纹抗压强度、抗弯强度、冲击韧性、弯曲度等，这决定了它的用途，因此，对其进行评价具有很高的实用价值。

（二）进展情况

1. 基本密度

王保松等（1997）利用柳属与钻天柳属种间和属间杂交的 15 个杂种、39 个杂交组合及 151 个无性系为材料，对木材基本密度的遗传变异情况进行了研究，结果表明：151 个无性系中有 72.2% 的木材基本密度在 0.401～0.500 之间，超过 0.501 的无性系占 9.3%，而属间杂种（旱柳 × 钻天柳）× 旱柳则有 23.8% 的无性系超过 0.500。方差分析结果表明，杂种间木材基本密度的差异达到极显著（α=0.01）水平（F=4.36）。属间杂种（旱柳 × 钻天柳）× 旱柳的木材基本密度无性系平均值达到 0.488，显著（α=0.05）超过垂柳、旱柳与爆竹柳的杂种，与其余杂种的差异达到极显著（α=0.01）水准（表 4-5）。

2. 纤维性状

（1）纤维长度。潘明建等（1997）对乔木柳 5 个杂交组合的纤维长进行比较，其结果表明，旱柳 × 白柳、（旱柳 × 钻天柳）× 旱柳和旱柳 × 云南柳这 3 个杂种的纤维长无显著差异，垂柳 × 旱柳和旱柳 × 旱柳和这 2 个杂种的纤维长无显著差异，但它们的纤维长显著短于旱柳 × 白柳和（旱柳 × 钻天柳）× 旱柳（表 4-6）。

9 年生 10 个乔木柳无性系纤维长度的差异显著性检验结果为：J172 的纤维长与 J799 的无显著差异，显著长

表 4-5　柳树杂种间木材基本密度的评价

杂种	基本密度均值 (g/cm³)	显著性 α=0.05	显著性 α=0.01	0.350	0.351~0.400	0.401~0.450	0.451~0.500	0.501~0.550	≥0.551
（旱柳×钻天柳）×旱柳	0.488					2	14	4	1
垂柳×爆竹柳	0.456				1	2	3	1	
旱柳×爆竹柳	0.453				1	2	3	1	
垂柳×垂柳	0.447				1	6	4	1	
垂柳×旱柳	0.444				3	18	4	2	1
朝鲜柳×云南柳	0.443				2	8	5		
旱柳×垂柳	0.438				1	6	5		
旱柳×旱柳	0.435				2	12	7	1	
旱柳×云南柳	0.421								
旱柳×白柳	0.415			4	14	8	5	3	
垂柳×白柳	0.402			4	14	8	5	3	

（密度分布无性系数目）

于 J794 的，极显著地长于 J503 等 7 个无性系的；J799 与 J794 的纤维长无显著差异，显著长于 J503 的，极显著地长于 J795 等 6 个无性系的。J795 和 J903 两个无性系的纤维长无显著差异，但极显著地短于 J172、J799 的，显著地长于 J802 的（表 4-7）。

（2）纤维直径。9 年生 10 个乔木柳无性系的纤维直径以 J172 最大（0.02500mm），极显著地大于 J799（0.02319mm）等 9 个无性系；J799 与 J802（0.02293mm）、J795（0.02258mm）差异不显著，但显著大于 J794（0.02227mm），极显著地大于 J903（0.02135mm）等 4 个

无性系；J903 显著地小于 J795 而与 J308 等 3 个无性系无显著差异（表 4-7）。

（3）纤维长径比。潘明建等（1997）的研究表明，9 年生 10 个无性系纤维的长径比变幅为 54.77(J794) ～ 41.23(J802)，J794、J799、J172、J903、J795 等无性系间差异不显著，但显著大于 J391（45.54），极显著地大于 J802；J802 还极显著地小于 J172，与 J903 等 5 个无性系的差异不显著（表 4-7）。

（4）纤维素含量。潘明建等（1997）的研究表明，9 年生的 10 个乔柳无性系纤维素含量差异不显著

表 4-6　乔木柳 5 个杂交组合间纤维长差异性　　　　　　　　　　　　　　　　　　　　　（单位：mm）

杂种	无性系数目	最小值	最大值	均值及显著性
旱柳 × 白柳	7	0.7397	1.0498	0.8881 a
（旱柳 × 钻天柳）× 旱柳	7			0.8475 a
旱柳 × 云南柳	7	0.7586	0.8957	0.8302 a b
垂柳 × 旱柳	7			0.7849 b
旱柳 × 旱柳	7	0.6160	0.8548	0.7842 b

表 4-7　不同龄级乔木柳无性系纤维形态及纤维含量评价

无性系	年龄	纤维长（mm）	纤维直径（mm）	长/直径	纤维素含量（%）
J172	1～3	1.1528	0.02388	48.27	50.44
	4～5	1.3579	0.02450	55.42	
	6～7	1.4112	0.02640	53.45	50.73
	8～9	1.4221	0.02523	56.37	49.39
	9	1.3360	0.02500	53.44	
J308	1～3	0.8737	0.02070	42.21	49.91
	4～5	1.0345	0.02080	49.74	
	6～7	1.0896	0.02118	51.44	50.07
	8～9	1.1210	0.02135	52.51	46.91
	9	1.0297	0.02101	49.01	
J391	1～3	0.8705	0.02003	43.46	50.19
	4～5	0.9494	0.02120	44.78	
	6～7	1.0843	0.02383	45.50	50.13
	8～9	1.0907	0.02253	48.41	47.95
	9	0.9987	0.02190	45.54	

（续）

无性系	年龄	纤维长（mm）	纤维直径（mm）	长/直径	纤维素含量（%）
J503	1～3	0.8947	0.01010	51.55	51.44
	4～5	1.1261	0.01995	56.45	
	6～7	1.1539	0.02148	53.72	51.86
	8～9	1.2143	0.02118	57.33	49.26
	9	1.0973	0.02043	53.71	
J743	1～3	0.7961	0.99330	41.18	50.47
	4～5	1.0362	0.01973	52.52	
	6～7	1.0470	0.02103	49.79	50.86
	8～9	1.0939	0.02175	50.29	47.99
	9	0.9933	0.02046	48.55	
J794	1～3	1.1045	0.02058	53.67	49.72
	4～5	1.2481	0.02253	55.40	
	6～7	1.2942	0.02330	55.49	50.58
	8～9	1.2384	0.02380	54.40	48.30
	9	1.2204	0.02227	54.77	
J795	1～3	0.8269	0.02073	39.89	49.42
	4～5	1.1088	0.02248	49.32	
	6～7	1.1129	0.02330	47.76	51.08
	8～9	1.1718	0.02380	49.24	51.14
	9	1.0551	0.02258	46.73	
J799	1～3	1.1192	0.02198	50.92	49.11
	4～5	1.2766	0.02238	57.04	
	6～7	1.3541	0.02445	55.38	50.27
	8～9	1.3336	0.02396	55.66	49.16
	9	1.2709	0.02319	54.80	
J802	1～3	0.8274	0.02110	39.21	50.31
	4～5	0.9561	0.022288	41.79	
	6～7	0.9882	0.02300	42.97	49.23
	8～9	1.0107	0.02475	40.94	45.76
	9	0.9456	0.02293	41.23	
J903	1～3	0.9375	0.01970	47.59	52.02
	4～5	1.0844	0.20980	51.69	
	6～7	1.0880	0.02145	50.72	52.21
	8～9	1.1013	0.02328	47.31	51.73
	9	1.0528	0.02135	49.31	

（α=0.152）。而不同龄阶的纤维素含量差异性因无性系的不同而异：J794、J795、J799、J172、J903 等 5 个无性系 3 个龄阶（1～5 年，6～7 年，8～9 年）的纤维素含量无显著差异，J308、J802 两个无性系 8～9 年的含量极显著地低于 1～5 年生和 6～7 年生的；J391、J743 这 2 个无性系 1～5 年生的纤维素含量与 6～7 年生的无显著差异，但显著大于 8～9 年生的含量（表 4-7）。

2.5 年生的 30 个无性系纤维素含量的差异极显著（α ≤ 0.000），2.5 年生苗纤维素含量最高的 J749（51.84%）与 J266（49.15%）等 6 个无性系差异未达 α=0.05 水平，显著高于 J743（48.72%）、J505（48.18%）等 7 个无性系，极显著地高于 J701（48.03%）、J755（45.28%）等 16 个无性系；J194（47.40%）、J799（47.34%）、J795（46.22%）等 3 个乔木柳良种无显著差异，其纤维数含量略低于 30 个无性系的纤维素平均含量 48.085%（表 4-8）。

表 4-8 2.5 年生 30 个乔木柳无性系纤维素含量评价

无性系	纤维素含量（%）	无性系	纤维素含量（%）
J749	51.84	J744	47.98
J696	51.80	J817	47.61
J736	51.70	J598	47.52
J21	49.93	J503	47.53
J746	49.89	J194	47.40
J311	49.19	J799	47.34
J266	49.15	J595	47.19
J743	48.72	J727	47.18
J526	48.62	J458	47.07
J391	48.53	J795	46.22
J792	48.47	J460	46.16
J485	48.31	J418	46.14
J126	48.30	J287	45.71
J505	48.18	J777	45.57
J701	48.03	J755	45.28

三、抗性性状评价

柳树抗性性状的研究是目前柳树种质资源评价的重点，研究范围涉及耐旱、耐盐、抗病、抗虫等方面。众多研究表明：柳树的抗性受遗传控制，柳树属于高度杂合物种，杂种的抗性与亲本相比没有一定的规律，有些杂种抗性介于两亲本之间，有些杂种抗性存在杂种优势或劣势。

（一）抗逆性评价

1．耐旱性

植物的耐旱性是指植物能耐受干旱而维持生命的性质，不同的柳树其耐旱性亦有所差别。柳树的耐旱性评价对柳树的栽培及抗性育种具有重要的指导意义。

2009 年，董建芳等对内蒙古地区黄柳、沙柳等 6 种沙生柳树叶片的解剖结构进行比较分析。结果表明，6 种柳树的叶片结构具有相似性，均为全栅型的等面叶。表皮均具有角质层，主脉为双韧维管束，栅栏组织发达，5～6 层。差异表现在角质层和表皮厚度、主脉和叶片厚度、栅栏组织的厚度等方面。应用 SAS 和 SPSS 软件进行分析，根据几种柳树叶片的结构特征，得出抗旱性大小顺序依次为：黄柳 > 砂杞柳 > 沙柳 > 乌柳 > 筐柳 > 小红柳。

黄土地区的柳树资源十分丰富，于兆英等（1989）对产于黄土地区的 12 种柳树叶片结构的解剖观察，根据旱性结构的强弱分为三类：筐柳、紫枝柳和蒿柳旱生性

最强，可于山坡、丘陵和沟壑等干旱环境中营植；白柳、龙爪柳、垂柳、黄龙柳、红皮柳和乌柳的旱生性次之，可在田埂、原野及路旁引种栽植；腺柳、旱柳和川柳在叶片的解剖上呈中性结构，但仍具一定的抗旱性，可于山谷河旁、平原和田野等处栽植。

甘肃省林业科技推广总站以苏柳 194、苏柳 172、苏柳 369、青刚柳和准噶尔柳为材料，对叶组织蒸腾强度及离体叶片水分自然散失速度进行了测定分析。结果表明，苏柳叶组织具有很强的生命力和抗干旱能力，尤以苏柳 194 的叶组织抗逆性最强。由水分散失速度得出这 5 个树种在极端干旱条件下的抗性顺序为：苏柳 194 > 苏柳 172 > 苏柳 369 > 青刚柳 > 准噶尔柳。苏柳 194 的叶组织抗逆性最强，其次为苏柳 172 和苏柳 369，青刚柳和准噶尔柳的叶组织抗逆性最弱。

江苏省林科院于 2013 年利用 PEG（聚乙二醇）模拟干旱胁迫的方法对 332 个灌木柳无性系受害症状进行了观测，根据受害指数对灌木柳原种、杂种 F_1 代无性系和全同胞无性系的抗旱性进行了分析。结果表明：在干旱胁迫下，灌木柳 8 个自然原种之间的受害症状存在显著性差异（$P<0.05$），其中，三蕊柳受害最轻，簸箕柳最重，三蕊柳抗旱性显著优于簸箕柳、欧洲红皮柳（表 4-9）。干旱胁迫试验 3 天时，受害症状仍为 1 级的只有 1 个无性系，为 2381；2 级的有 14 个无性系，为 2668、2118、2821、32-7、31-17、1051、888、2347、2372、2389、2696、2816、51-3、30-12（表 4-10、表 4-11）。

表 4-9　8 个灌木柳自然原种株间受害指数的多重比较

种名	无性系数	受害指数
三蕊柳	4	39.771±13.136 b
二色柳	8	41.348±7.247 ab
杞柳	32	43.433±13.050 ab
蒿柳	16	44.302±15.334 ab
银柳	8	45.358±13.379 ab
卷边柳	4	49.870±5.623 ab
欧洲红皮柳	20	55.169±11.626 a
簸箕柳	7	55.353±11.874 a

表 4-20　性状差异与可配性

杂交类别		得到种子组合数	未得到种子组合数	总计	可配率（%）
根据树型区别	乔木种间	164	47	211	77.7
	灌木种间	4	4	8	50.0
	乔灌木种间	32	31	63	51.0
根据雄花器构造分布	二雄蕊离生种间	134	27	161	83.2
	二雄蕊合生种间	1	4	5	20.0
	二雄蕊离生与合生种间	29	28	57	51.0
	多雄蕊种间	6	4	10	60.0
	多蕊与离生二蕊种间	26	12	38	68.4
	多蕊与合生二蕊种间	4	7	11	36.4

表 4-21　染色体差异与可配性

一方亲本		另方亲本		可配率（%）
名称	染色体 n	名称	染色体 n	
垂柳	♀ 38	杞柳	♂ 19	75
垂柳	♂ 38	杞柳	♀ 19	50
垂柳	♀ 38	三蕊柳	♂ 19	67
垂柳	♂ 38	三蕊柳	♀ 19	0
垂柳	♀ 38	细柱柳	♂ 19	60
垂柳	♂ 38	细柱柳	♀ 19	0
垂柳	♀ 38	白柳	♂ 38	100
垂柳	♀ 38	爆竹柳	♂ 38	100

于亲缘关系和花器的差异，其可配率有所不同，亲缘关系近的种杂交可配率高，如钻天柳×白皮柳，其亲缘关系近，可配率为100%。亲缘关系远的种杂交可配率低，如旱柳×朝鲜柳，进行了几个组合都未成功。柳树种内杂交可配率高，如（蚌埠）旱柳×（弓淘）旱柳，种内不同地理类型间杂交可配率为100%。柳树种间杂交可配率低，杂交了25个组合，成功了12个，可配率为48%。旱柳是一个很好的亲本，它与其他乔木柳杂交可配率为

62.5%～72.7%。

柳树与杨树亲缘关系虽然很远，如果采用特殊手段进行杂交，也可取得成功。采用杨树柱头浸出液授粉法，取得了法国柳×杨树混合花粉的杂种12粒，播种后有4粒发芽，只有1粒成苗。

江苏省林科院对历年来的杂交结果分别按分类单位，即种内、同一组种间及不同组种间区分杂交类别，然后统计其可配率。种内杂交可配性较高，其平均可配

率达89.36%。同一组内不同种杂交其可配率次之，平均可配率为78%。不同组种间杂交其可配率较低，平均可配率为64%。组内种间杂交其可配率在不同组之间有差异，柳组（Sect. *Salix*）内种间杂交可配率为78%，筐柳组（Sect. *Helix*）内种间杂交可配率则较低，为57%。细柱柳组（Sect. *Subviminales*）内种间杂交只做了一个组合未得到种子。组间杂交总的平均可配率低，但不同组间杂交，其可配率变化很大。旱柳、白柳和爆竹柳之间均能杂交，这类杂交共有16个组合，皆得到杂种种子。筐柳组 × 柳组的可配率为38%，而柳组 × 筐柳组的可配率达75%。以粉枝柳和细柱柳为母本的杂交组合的可配率不高，只有0～28.6%。

2．性状差异与可配性

杂交亲本遗传差异过大，则可配性低。分类亲缘在一定程度上反映了不同种之间的性状差异，但有些种在分类上相距很远，而性状却差异不大。雌雄花器构造也相似。因此单凭分类亲缘还不能完全反映其遗传差异。为了说明不同种间的遗传差异与可配性之间的关系，用比较能反映遗传差异的形态性状，即树形和雄花花器构造来区分杂交类别。根据树型分为乔木和灌木。根据雄蕊数量和着生状态分为二雄蕊离生、二雄蕊合生及多雄蕊离生，依次将杂交亲本归类，再按杂交类别统计其可配率。结果表明乔木柳种间杂交其可配率较高，为77.7%。乔木柳和灌木柳种间杂交，其可配率较低，分别为50%和51%。从雄花花器差异来区分杂交类别，以二雄蕊离生种间杂交可配率较高。二雄蕊离生与二雄蕊合生种间杂交，多雄蕊种间杂交以及多雄蕊与离生二雄蕊种间杂交其可配率次之。二雄蕊合生种间杂交及多雄蕊与二雄蕊合生种间杂交其可配率最低。二雄蕊合生的种都是灌木，分布在高海拔、高纬度的地方。二雄蕊离生的种都是乔木，分布在低纬度的平原，二者之间的差异极大，因此相互杂交则其可配性不高。此外花柱的长短直接影响着可配率的高低，花柱短的种互相杂交可配率高，如旱柳 × 垂柳、钻天柳 × 白皮柳的花柱短粗，杂交后可配率为100%；反之花柱长的种与花柱短的种杂交，可配率极低或不可配。例如红毛柳 × 旱柳，红毛柳的花柱细而长，旱柳的花柱短，二者杂交很难成功。因为花柱短的种它的花粉管也短，旱柳花粉管内的精核不能到达红毛柳的胚囊与卵细胞组合，授精作用无法进行。

3．染色体差异与可配性

人工杂交时，亲本染色体数不同对可配性有明显影响，虽然染色体数不同的种可以杂交，形成不同倍性的异源多倍体。但杂交亲本染色体数差异愈大，则可配性愈低。垂柳与杞柳、三蕊柳、细柱柳杂交，由于染色体数相差较大，则其可配率不高。但母本染色体数多于父本的组合，比母本染色体数少于父本的组合，其可配率较高。例如，垂柳 × 杞柳、垂柳 × 三蕊柳以及垂柳 × 细柱柳的可配率为60%～75%；而杞柳 × 垂柳的可配率为50%，三蕊柳 × 垂柳及细柱柳 × 垂柳均未得到种子。垂柳与白柳、爆竹柳间杂交，因其染色体数相等，则其可配率达100%。

二、柳树遗传改良策略

选定不同性状作为遗传改良的主要目的性状和适当的亲本材料，可以选育出不同利用途径的柳树优良无性系。柳树无性繁殖容易，生产上绝大多数是采用无性系繁育进行育苗和造林利用，因此柳树育种亦是多采用无性系育种途径。自然选择和人工杂交选择是柳树遗传改良的两种主要方式，目前生产上的柳树品种均来源于这两种途径。为了提高柳树育种的效率，育种工作者也借鉴多世代育种方法，通过控制授粉，经亲本育种值的估测，建立经遗传改良的育种群体，再用经遗传改良的育种群体进行人工杂交，可以有效地提高杂交育种的增益。目前国内学者和机构开展的柳树遗传改良多采用以下育种策略（图4-2）。

如图4-2所示的柳树多世代遗传改良策略设计的这一交配设计，育种亲本的遗传改良与种间杂交同步进行，既能进行一般配合力和特殊配合力的测定，又能进行杂种优势的测定，为亲本的改良和正确地建立"经遗传改良的育种群体"提供理论依据。根据柳树的林学特性制定的多世代遗传改良策略，着眼于在杂交育种的同时开展种内人工控制授粉，并经亲本育种值的估测，建立经遗传改良的育种群体，可有效地提高杂交育种的增益。柳树生长周期短，实践上经自然优树筛选后，繁育成无性系，经短期测定以后即可将中选的无性系投入试种造林，实行边繁殖、边试种、边测定、边选择的办法，可取得较高的生产和育种效率。

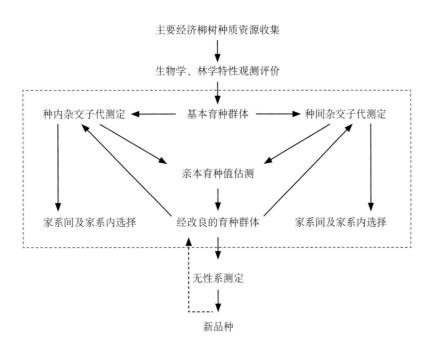

图4-2 柳树常规育种策略

三、柳树种质资源主要创新成果

多年来，世界上许多国家都在进行柳树遗传改良与栽培的研究。瑞典、美国和英国等发达国家主要围绕提高生物量和环境保护方面进行研究。我国主要围绕工业用材林和功能林等方面对柳树进行遗传改良。江苏省林科院从1962年起开展柳树改良研究，承担国家重大课题，对国内外的柳树种质资源进行收集，保存柳树亲本材料70多种，涵盖了世界上有经济价值的柳树主要种，丰富了我国柳树基因资源。并根据柳树生物学特性制定出多世代遗传改良策略，通过亲本育种值估测，建立经遗传改良的育种群体，从而进行人工杂交，有效提高遗传增益。

1. 纸浆、纤维用材的遗传改良

乔木柳具有轮伐期短、早期速生等特点，在低湿滩地上营建的优良无性系人工林群体生物量大于杨树，且结构均匀，是品质优良的纸浆材。涂忠虞等（1987）以提高生物量、改良干形作为选育的主要目标，以旱柳和垂柳为基础亲本进行种间、种内不同地理种源间、属间远源杂交与回交，从人工杂交种中进行单株选择，最终选育出J172、J194、J333和J369四种乔木柳无性系，具有生长快、干形优等特点，是纸浆优良用材。潘明建等（1997）综合材积生长、纤维性状，选育出J799、

J903两个无性系作为纸浆材优良无性系。J799，5年生平均纤维长1.0874mm，长/径为47.72，纤维素含量为48.60%，基本密度为0.428g/cm³；以湖滩林地材积生长量为34m³/hm² 年计，则每年可产纸浆7.684t/hm²，较同等立地上的J172增产纸浆7.95%。J903，5年生平均纤维长0.9574mm，长/径为45.38，纤维素含量为51.55%，基本密度为0.49g/cm³，在河滩地上生长速度比J799高40%，5年生单株材积达0.0534m³，是一种良好的纤维材。

此外，江苏省林科院还对17个杂种家系的55个无性系与纸浆材质量相关的纤维性状遗传变异进行了研究，根据生长性状、基本密度以及纤维性质等性状，选育出苏柳799和苏柳903等一批无性系，在长江滩地单位面积年蓄积产量达到15.8～28.69m³/hm²。王宝松等（2002）根据短纤维造纸用材的需要及乔木柳性状遗传变异规律，制定乔木柳纸浆用材优良无性系的选育目标，经过苗期测定、林期测定、多地点造林试验，研究了各无性系的生长性状、木材密度和纤维性状、对长江季节性淹水的适应性及对病虫害的抗性。经过综合评价，选育出苏柳485（*Salix ×jiangsuenisis* 'J485'）、苏柳191（*Salix ×jiangsuenisis* 'J191'）、苏柳483（*Salix × jiangsuenisis* 'J483'）和苏柳126（*Salix × jiangsuenisis* 'J126'）等4个乔木柳纸浆用材优良无性系，适合于长江中下游江滩、湖滩地纸浆用材林和防浪林的建设。

2.矿用材柳树的遗传改良

矿用材柳树遗传改良的主要目的是提高其力学强度，降低树干弯曲度，从而提高矿用材的商品材出材率和木材质量。适于营造柳树矿柱林和纸浆材的柳树有旱柳、垂柳、白柳、爆竹柳、旱快柳及其杂种，在江苏可选用优良的速生无性系——苏柳194、苏柳172以及垂柳1号和垂旱4号。涂忠虞等（1983）从垂柳天然实生苗和垂柳×旱柳人工杂交的无性系中选出两个优良单株J1-75和J4-75，通过8年的栽培试验，苗期和林期生长量测定，树高和胸径均明显超过对照垂柳。且两个无性系的木材物理性质与垂柳接近，具有较高的弯曲强度和冲击韧性，是较好的矿柱材。江苏省林科院1984年起，用不同产地的旱柳、白柳、垂柳、爆竹柳和钻天柳进行了74个组合的种间杂交，初选了432个优良原种单株，经过苗期测定选出8个无性系进行林期测定，经在江苏南京、金湖，以及浙江富阳和河南驻马店等地进行长期的区域性试验，根据对生长量、树干弯曲度、冲击韧性、抗弯强度、顺纹抗压强度、基本密度等指标的研究筛选，选育了苏柳795等3个矿柱材柳树良种（表4-22）。苏柳795在南京长江滩地上的5年生人工林年平均林木蓄积生长量为18.70m³/hm²，9年生时年平均林木蓄积生长量则上升到29.17 m³/hm²。旱柳及垂柳木材冲击韧性高于刺槐，江苏省林科院选育的苏柳369木材具有很高的冲击韧性，抗压及抗弯强度高于马尾松。

3.柳树抗逆性的遗传改良

我国宜林地资源少，选育耐盐柳树品种对于拓展我国造林地资源具有重要意义。大量研究表明，不同的柳树种或品种之间的耐盐性存在极显著的差异，选育耐盐柳树品种具有较大的潜力。张建秋等（2001）根据我国东北松嫩平原存在着大量面积的盐渍土，收集我国各地23个优良柳树品种，进行15个杂交组合得到5145株杂种苗，经过近10年观测，最后选出耐寒、速生、耐盐碱

（在碱化度30%以下、含盐量5g/kg的轻、中度盐碱地上能正常生长）的‘85-68’、‘85-70’、‘85-96’三个柳树新品种。不少单位都重视通过野外栽培试验选择耐盐品种，中国林科院、江苏省林科院、山东省林科院以及吉林省白城市林科院都开展了野外耐盐性造林试验，从中选育出金丝垂柳1011、苏柳52-2、盐柳1号等耐盐无性系，这些无性系的耐盐性得到较大程度的改良，显著扩大了柳树盐碱地造林区域。张继明（2001）等经过多年的柳树杂交、田间试验，最后选出旱柳×爆竹柳8号、旱柳×旱柳10号、钻天柳×白皮柳9号，具有速生、抗寒、抗旱等特性。

乔木柳生长高大、根系发达，是良好的防护林和水土保持林造林树种。潘明建等（2000）从国内外收集速生、干形优良的44种640个柳树亲本材料，选择目的性强的亲本进行柳树种间、种内以及柳属与钻天柳属间293个组合的远源杂交与回交，选出83个杂种无性系在南京长江滩地上进行林期测定，最后选出J287、J483、J485等8个无性系，这8个无性系树高生长和胸径生长都要高于苏柳172，该成果既为长江中下游防护林的建设提供了新的种植材料，又为长江中下游地区农田防护林、防浪林等工程林的营建提供了可靠的理论依据。柳树是通俗意义上的耐水湿树种，但实践和科学研究都表明，不同柳树品种的耐水性存在很大差异，在长江滩地，常常见到有因为选用不当的造林品种而导致柳树被大量淹死的事例。江苏省林科院2002年对来自全国不同产地的主要乔木柳树种的55个杂种无性系进行了耐水性测定。经过水培试验，结合在江西进贤县和安徽等地的湿地造林试验，选出了苏柳194和苏柳172等一批耐水湿无性系。近10年来，在鄱阳湖滩地和长江滩地安徽段、江苏段的多年引种造林，这些无性系在长期淹水的情况下，每年胸径生长量可以达到4cm，有的无性系甚至可以承受淹水没顶1个月时，仍能保持较快生长。

表4-22　柳树矿柱材用无性系

无性系	单株材积 （m³）	树干弯曲度 （%）	冲击韧性 （N·m/cm²）	抗弯强度 （MPa）	基本密度 （g/cm³）
J795	0.155	1.292	11.17	85.5	0.4793
J799	0.155	3.362	15.42	90.6	0.4364
J903	0.122	4.391	8.65	99.1	0.4843

4．观赏柳的遗传改良

我国柳树园林品种改良从 20 世纪 80 年代开始，以提高适应性、枝条颜色、枝条下垂度、小枝长度、花序大小以及避免花粉污染等作为改良目标，进行了大量的杂交选育试验，获得了一批园林新品种，逐渐成为国内柳树的主要栽培种。

（1）乔木柳改良。利用阿尔巴尼亚白柳和江苏垂柳作亲本杂交，选育出了金丝垂柳 J841（*S. × aureo-pendula* 'J841'）、J842（*S. × aureo-pendula* 'J842'）、J844（*S. × aureo-pendula* 'J844'）。J841、J842 适应性强，据辽宁营口林业科学技术研究所测定，在含盐 2‰ 的土壤上能正常生长，可以在东北南部、华北及长江中下游地区推广。J844 可在西北类似平凉自然条件的地区推广。由于它们兼有速生、耐水湿的优良特性，又是江河沿岸滩地营建景观与用材、防浪相结合的多功能人工林的优良种植材料。J1010（*S. × aureo-pendula* 'J1010'）、J1011（*S. × aureo-pendula* 'J1011'）是南京垂柳与新疆黄枝白柳的人工杂交种，树姿较 J841、J842 更加优美，抗病性也优于 J841、J842，已经在全国各地推广多年。利用黄枝白柳和馒头柳杂交，选育的苏柳 797，其幼年期和成年树冬季枝条金黄，又保持了馒头柳的观赏特性，使馒头柳的冬季景观得到改观。

（2）灌木柳改良。我国灌木柳的遗传资源非常丰富，目前可见的景观效果较好的灌木柳资源有杞柳、黄花柳、红皮柳、棉花柳、吐兰柳和细柱柳等 10 余种。银芽柳多属灌木柳，柳属中灌木柳占绝大多数。作为银芽柳种质利用的种约有 23 种，主要是蒿柳组的吐兰柳、龙江柳、蒿柳、卷边柳、毛枝柳、密齿柳、萨彦柳、川滇柳，细柱柳组的细柱柳、白毛柳、杜鹃叶柳、坡柳，川柳组的川柳、石泉柳等。江苏省林科院利用垂柳 × 银芽柳、吐兰柳 × 银芽柳进行杂交，选出雪柳 'J885'、雪柳 'J886'、'J887'、'J1037'、'J1055'、'J1052' 和 'J1050' 七个优良无性系，花芽大，生长势好，枝条也具观赏性，分别提前吐芽期 20 天和 10 天，且花芽密集。

5．编织柳的遗传改良

柳编是中国民间传统的手工工艺品，在中国具有悠久的历史，是国际上公认的绿色包装物和装饰品。常用于柳编的种质资源有簸箕柳、筐柳、细枝柳、北沙柳、蒿柳、杞柳等，与编制性能相关的性状主要有生长量、枝条长度、粗度、侧枝数、枝条柔韧度、枝皮及白条颜色等。柳编编织柳的遗传改良在于提高柳条

的数量和质量。涂忠虞等（1989）通过柳条产量与质量的多性状指数选择、多地点选择，最终选出簸杞柳 Jw8-26（*S. suchowensis × S. integra* 'Jw8-26'）、J8-35、J8-36、J8-39、J8-41、J4-5，杞簸柳 Jw9-6（*S. integta × S. suchowensis* 'Jw9-6'）和簸旱柳 J10-8、J10-10 等优良无性系，其产量和质量远超过天然种和其他杂交种，产生良好的经济效益和社会效益。山东省莒南县林业局孟昭和等对灌木柳多个品种的产条量、产条结构、韧性、尖削度、白度等方面进行了选育研究，最后选出 '4-l3'、'9-4'、'8-31' 和 '8-35' 四个优良无性系，具有产量高、产条结构均匀、尖削度小、韧性好、光洁度高等特点。2011 年国家林业局审定了山东省莒南县选育的编织柳品种 '丽白'，该品种分枝极少，去皮干条洁白、无刺、无疤痕，表面有丝状光泽，水泡后质地柔软，弯曲不起刺、光泽度好，非常适用于做柳编原料。

6．高生物量灌木柳的选育

柳树高生物量育种发源于欧美国家，起源于 20 世纪 70 年代后，是伴随着全球范围内对生物质能源产业的重视而兴起的柳树育种方向。高生物量品种的选育以低成

高生物量灌木柳良种苏柳 1701

本和单位面积高生物量为目的，考核指标为速生性和抗逆性，一般多用灌木柳为选育材料。我国的高生物量灌木柳种质资源主要有蒿柳、簸箕柳、筐柳、松江柳、毛枝柳、黄花柳等，在各自的适生范围内，野生状态下年产量从12t/hm²到30t/hm²不等。可作为高生物量的柳树有50多种。1987-2000年，江苏省林科院利用蒿柳、簸箕柳、杞柳、三蕊柳、棉花柳、旱柳、垂柳、三蕊柳、耳柳和钻石柳等柳树进行大量种间和种内杂交，共完成330组（次）杂交，涉及乔木和灌木，种间和种内杂交共69个，经过多年多点试验，已经选育出P61、6-17、8-26、35-13、2345、51-3、52-2、1050、5、9-6、1045等20多个无性系，小面积试验结果表明，最高产量可达73t/hm²，不同杂交组合的地上部分产量（3年根1年茎）如表4-23所示，其中产量最高的组合为簸箕柳×银芽柳，年产青条76.67 t/hm²，约合干条31 t/hm²。

柳树种类变异和生态类型非常丰富，是典型的多功能树种，面对日益严重的全球能源危机和环境污染问题，柳树作为生物能源树种和生物修复树种的新用途也被发现，柳树的育种目标也就更加丰富和多样化。柳树用于生物修复的研究工作开始于20世纪90年代，目前柳树环保林的营建与应用已在欧洲和美洲大陆逐步盛行。柳树适应性强、生物量大、生长速度快、耐水湿、可以吸收各种污染物，这是其用于生物修复的主要原因。柳树可以对重金属污染、有机物污染、水体富营养化进行修复，用于土壤污染、水体污染、大气污染的生物修复。柳树生物修复作用研究，通常采用的方法有田间栽培试验、盆栽试验和水培试验。研究柳树的生物修复作用，包含柳树对重金属污染物的抗性和柳树对污染物的吸收能力两个方面。衡量柳树对重金属抗性的大小主要有根系的生物量、不定根数量和长度、萌条生物量和长度等，影响柳树修复能力的因素主要是柳树地上部分的生物量和柳树吸收重金属的能力。

表4-23 不同杂交组合地上部分青条产量（3年根1年茎）

杂种	青条产量 (t/hm²)	条长 (cm)	萌条密度 (Shoots/m²)	每条叶片数	叶面积指数
沙柳 × 旱柳	21.62	80			
簸箕柳 × 杞柳	38.67	168			
Jw8-26	29.1	223	58.3	119	9.15
杞柳 × 簸箕柳	65.2	181			
Jw9-6	26.19	217	60.6	107	10.59
杞柳 × 蒿柳	61.62	173			
簸箕柳 × 旱柳	53.63	150			
簸箕柳 × 银芽柳	76.67	147			
簸箕柳	20.02	150			

第三节 分子生物学在柳树种质资源研究中的应用

一、柳树基因组分子机理研究

（一）柳树耐盐机理研究

1. 柳树耐盐表达谱的研究

江苏省林科院利用转录组测序 RNA-Seq 技术研究了柳树在盐胁迫条件下不同时间 0h、2h、6h、12h、24h、48h 的表达谱，分别在叶片和根中分离到了约 24 亿条 reads 和 127397 个 unigenes、约 26 亿条 raw reads 和 105367 个 unigenes。叶片中的核心基因主要是参与渗透调节和转录调控的功能性基因，表明叶片是通过增强调控作用、积累可溶性糖和增加细胞膜的透性来防止细胞失水从而使柳树叶片增强耐盐效果。根中的应答盐胁迫的核心基因主要参与植物渗透调节、离子平衡、ROS 活性氧清除、信号转导。说明柳树根是通过 SOS 信号途径将 Na^+ 排出细胞外或者区隔进液泡内从而使细胞达到新的平衡。转录组的结果表明柳树的叶片和根的时间特异性和空间特异性的机理差别。

中国林科院研究了旱柳盐胁迫转录组和小 RNA，通过组装拼接共得到 106403 个 uniques，平均长度为 944bp，166 个 miRNA，为旱柳胁迫应答的基因和 miRNA 提供了有价值的信息。

2. 柳树耐盐基因的克隆和功能验证

江苏沿江地区农业科学研究所采用同源克隆法从耐盐柳树 L0911 中分别扩增出泡膜 ATP 酶 B 亚基基因（VHA-B）和 BADH 基因的全长 cDNA 序列，其核苷酸序列全长分别为 1566bp、1539bp，分别编码 518、512 个氨基酸。用不同浓度 NaCl 胁迫相同时间和相同浓度 NaCl 胁迫不同时间分别处理 L0911 植株，采用实时荧光定量 PCR 检测 L0911 叶片中 VHA-B 基因和 BADH 基因的表达情况。结果表明，VHA-B 和 BADH 基因的表达受到盐胁迫诱导，说明 VHA-B 和 BADH 基因与盐胁迫存在紧密关联。

江苏省林科院从苏柳 2345 中克隆了柳树耐盐基因：柳树肌醇磷酸合成酶 SlMIP、柳树几丁质酶基因 SlChi、柳树碱性磷酸酶基因 SlSIP，这三个基因在柳树中都受盐胁迫的强烈诱导，表明这三个基因在柳树耐盐过程中的重要作用。过量表达 SlChi 和 SlSIP 提高了转基因拟南芥的耐盐性，大大提高了转基因拟南芥的基因表达量和盐胁迫条件下转基因植株的种子萌发率，表明柳树的耐盐基因在耐盐功能方面的重要作用，为柳树的分子遗传改良提供了基因源，奠定了扎实的基础。

（二）柳树生物修复的分子机理研究

浙江大学利用二代测序技术进行了杞柳镉胁迫下的转录组测序，共获得 60047711 条高质量的 reads，使用 Trinity 软件对各样品数据进行组装，共获得 80105 条 unigenes，涉及 607 条代谢通路，其中与金属离子转运和细胞内解毒相关的基因有 287 条，大部分涉及抗坏血酸－谷脱甘肽循环、超氧离子降解途径以及谷胱甘肽介导的解毒过程 II 等，共找到 5743 个简单重复序列（SSR 标记）。通过表达谱的分析发现了 896 条在叶片差异表达的基因，其中重点分析了 15 个与重金属转运、解毒相关的基因，初步明确金属疏蛋白（Metallothionein，MT）、金属耐性蛋白（MTP1）、锌转运子（ZIP）、重金属 ATP 酶（Heavy Metal ATPase，HMA）以及植物螯合肽合成酶（Phytoehelatin sytheses，PCS）等基因在杞柳不同组织的表达模式，为柳树耐重金属基因的挖掘和功能研究提供了参考。

加拿大蒙特利尔大学利用转录组技术研究了杞柳对于金属砷胁迫响应的分子机理，揭示了砷从柳树根部进入并储存在液泡中，通过初级代谢和次级代谢机制运输到细胞其他部分。单宁是主要的解毒物质，缓解了胞内的重金属毒害，同时钙转运蛋白 CAX2 为砷的移动提供了潜在的运输方式。

（三）柳树性别鉴定的研究

柳树为每年开花的木本植物，研究灌木柳的性别决定机制对于林木遗传学的研究具有重要的意义。南京林业大学利用转录组技术研究了雌雄簸箕柳的转录组，共获得1201931高质量的片段，平均长度为389bp，获得了差异表达基因806个，其中33个位于性染色体上，12个基因可能参与植物的性别分化。中国林科院利用RNA-Seq技术分析了钻天柳的转录组，共得到25529018高质量片段，差异表达基因60012个，平均长度为908bp。性别决定基因的鉴定对柳树功能基因组的研究及柳树的进化研究意义重大。

（四）柳树形态建成和生长发育分子机理研究

微管的延伸方向决定了细胞的延伸方向，对植物组织和器官的形态起关键作用，同时也决定了纤维素的合成和延伸。纤维素是植物细胞壁的重要组成部分，其含量和排列直接影响木材的材性。中国林科院克隆鉴定了旱柳和龙爪柳、钻天柳β微管蛋白基因，并对其进行了序列相似性、系统发育、染色体定位以及表达模式的分析。结果显示，旱柳和龙爪柳β微管蛋白基因家族各有20个成员，钻天柳共鉴定出8个有功能的α-微管蛋白和20个β-微管蛋白基因。研究表明家族内部成员间核酸和氨基酸序列相似性分别在74.0%和86.6%以上，种间同源蛋白氨基酸序列相似性在85.8%以上，柳树与其他植物β微管蛋白间的氨基酸序列相似性在81.5%以上。系统发育分析显示，柳树β微管蛋白家族被分为4个亚组，结合杨树β微管蛋白基因染色体定位，推测柳树β微管蛋白基因家族经历了杨柳科全基因组

重复事件和串联重复事件，而柳树TUB11和TUB12可能来源于区段重复或者转座。基因表达模式分析发现，该家族成员的表达具有一定的组织特异性，并且部分重复基因在所检测组织中表达差异较大。柳树α-微管蛋白成员数量上的不足由其高表达量得以补充，并维持微管蛋白1∶1的平衡。柳树β微管蛋白基因家族成员序列的高度相似性、成员数量的进化扩张，以及表达模式的多样性可能赋予了细胞分裂与生长更高的灵活性，柳树微管蛋白基因家族的研究为柳树形态的多样性提供理论指导，为林木遗传改良奠定基础，对柳树生长发育有至关重要的作用。

二、DNA分子标记在柳树上的应用

（一）柳树遗传多样性和亲缘关系分析

遗传多样性一般是指种内的遗传多样性，即种内不同种群之间或者种群内不同个体之间的基因变化。林木群体中遗传多样性受突变、迁移、遗传漂变和选择等多种因素的综合影响，其基因频率会在一定的水平上产生波动，即遗传多样性会反映在DNA水平上。随着分子生物学技术的不断发展，各种分子标记技术的出现为柳树从基因组水平上遗传多样性和亲缘关系分析提供了有力的工具。目前，常用的分子标记有RFLP、RAPD、SSR、AFLP和SNP等。对于天然杂交多样、倍性复杂且基因组信息量少的柳树，AFLP标记是一种非常理想的标记。Beismann等（1997）利用AFLP对白柳（S.

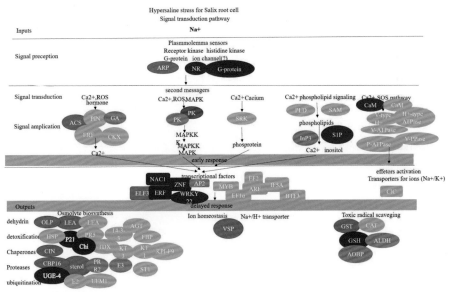

柳树耐盐响应的分子机理及调控过程

alba）和爆竹柳（*S. fragilis*）2 个自然种群及其杂交种进行区分，解决了爆竹柳及其杂交种形态学相似难区分的难题。Barker 等（2003）采用 RAPD 和 AFLP 两种标记对生物能源柳进行了遗传多样性和亲缘关系分析，发现 AFLP 技术在亲缘关系较近的无性系中可以提供更多的遗传变异信息。Kopp 等（2002）利用 AFLP 绘制了钻石柳（*S. erioclada*）杂交亲本的指纹图谱，并指出根据 AFLP 指纹图谱可以预测使其子代产生较大遗传变异的亲本组合。Trybush 等（2008）对英国的 154 个柳树基因型（包含 50 种）进行了荧光 AFLP 分析，该研究将三蕊柳（*S. triandra*）划分到柳亚属，这对传统分类学是一个挑战。

（二） 柳树遗传图谱构建

遗传图谱又称连锁图谱（1inkage map）或遗传连锁图谱（genetic linkage map），是以具有多态性的遗传标记为路标，根据基因在染色体上的重组值，将染色体上的各个基因或标记之间的距离和顺序标志出来，绘制而成的图谱。随着各种分子标记的相继出现，许多物种的遗传图谱研究进展迅速，为其遗传改良、种质资源保护、图位克隆、数量性状定位和分子标记辅助育种等研究领域奠定了坚实的理论基础。但是，林木由于具有许多复杂的生物学特性，如生长周期长、遗传杂合度高、遗传负荷大等，致使其遗传图谱的研究远远落后于其他物种。Tulsieram 等（1992）利用 RAPD 标记和单株树的大配子体构建了白云杉（*Picea glauca*）的分子标记连锁图谱，这是林木上首张遗传图谱。柳树的基因组较小，约 500Mb，与已经测序完成的毛果杨基因组同源性较高，并且灌木柳 1 年生即能开花结实，可弥补林木世代周期长的缺陷，是进行基因组和木本植物遗传学研究的理想材料。近十年来，利用分子标记技术已构建了十几张柳树遗传图谱，包括蒿柳、白柳、爆竹柳、毛枝柳、簸箕柳、钻石柳等几个柳树树种。第一张柳树遗传图谱是 2002 年 Tsarouhas 等（2002）以蒿柳 '78183' 为母本、以蒿柳 × *S. schwerinii* 杂交后代 'Bjorn' 为父本，杂交得到的 87 个 F1 个体为材料，利用 325 个 AFLP 标记和 33 个 RFLP 标记分别构建了父母本的遗传图谱，图谱长度分别为 1844c M 和 2404cM，平均间距为 16.0c M 和 13.0c M。目前构建的密度最高的图谱是 Hanley 等（2006）构建的蒿柳遗传图谱，其密度为 4.4cM，但是该图谱所用的群体较小，为 66 个 F1 个体，且该图谱的

图谱长度较小，为 1256.5cM。Berlin 等（2010）人利用 307 个 SNP 标记和 45SSR 标记，构建了蒿柳 ×（蒿柳 × *S. schwerinii*）的连锁图谱，总图距为 2477cM，平均间距为 5.0c M，是目前质量最高的柳树遗传图谱。刘恩英等（2011）以簸箕柳 P285× 钻石柳 P716 杂交后代的 198 个个体为材料，利用 56 个 SSR 标记、54 个 SRAP 标记和 5 个 SCAR 标记构建了一张综合的连锁图谱，但是该图谱较为稀疏，平均间距为 14.1c M。

（三） 柳树重要性状的 QTLs 定位

构建遗传连锁图谱（genetic linkage map）是基因组研究中最基础的工作。一个完整的遗传连锁图谱有助于研究基因组结构、基因定位、鉴定数量性状位点或 QTL 定位，而且图谱上与基因紧密连锁的标记可用于分子标记辅助育种和选择（Molecular-assisted selection，MAS）。柳树是重要的能源树种，所以对柳树主要的生长性状、抗性性状，以及与产生生物能源相关的性状在遗传图谱上进行精确定位，对育种工作者来说是非常有意义的工作。许多柳树遗传图谱的构建为 QTLs 分析奠定了基础。近几年，对柳树的许多性状都进行了 QTLs 分析。Tsarouhas 等（2002）建立了蒿柳杂交种 'Björn' 和蒿柳无性系 '78183' 的遗传图谱，并对生长性状进行了 QTLs 分析，共检测到 11 个 QTLs，可以解释 18% ~ 22% 的生长变异，其中有 7 个树高生长 QTLs，1 个地径 QTL，1 个树高与地径比 QTL，1 个花期芽数量 QTL，1 个萌条数 QTL。Berit Samils 等（2011）以 *S. viminalis* × *S. schwerinii* 和 *S. viminalis* 的回交群体、F1 代和两种蒿柳的杂交子代群体为研究对象，用五种锈病菌株进行感病实验，对控制抗锈病的 QTLs 进行定位，在回交群体中识别到 1 个主要 QTL 和 14 个较小的 QTLs，在杂交子代中检测到 13 个 QTLs。Tsarouhas 等（2003）以蒿柳 'Jorunn' 和毛枝柳 'SW901290' 杂交 F2 子代为试验材料，对其在短日低温区不同时间段的抗冻性、高度增长量和嫩叶数量进行了研究和 QTLs 分析，可以解释 0 ~ 45% 的抗冻性变异。Rönnberg 等（2005）还对这些材料的抗寒性和生长量进行了 QTLs 分析。Brereton 等（2010）研究了控制 K8 柳酶解糖化的 QTLs，酶解糖化是以木质纤维素为原材料产生生物乙醇的重要过程，该研究将该酶解糖化的含量定位于第 5、10、15 和 16 四条染色体上，分别解释 18.5%、11.7%、15.4% 和 10.2% 的表型变异。

|下篇　中国主要柳树种质资源|

- 中国主要野生柳树种质资源
- 中国引种的主要柳树种质资源
- 柳树良种和授权新品种
- 柳树杂种优良无性系

第五章
中国主要野生柳树
种质资源

一、旱柳 *S. matsudana*

1 旱柳 P16

乔木，1978 年采自四川成都。树皮金黄色，树干直立；叶片狭披针形，基部楔形，先端尾尖，叶长 5.8~8.8cm，宽 1~1.3cm，长／宽为 5.7~8.3。叶缘细锯齿；叶色中等绿

P16 叶

P29 叶

P16 枝

P29 枝

色；叶柄长 0.5cm，黄绿色；托叶早落，侧脉对数为 14~20 对；叶芽绿褐色，枝条黄绿色。生长较快，观赏价值较高，可用于用材林和景观林造林，是较好的杂交亲本。

2 旱柳 P29

乔木，雌株，1979 年采自山东梁山。树皮深褐色，树干直立，分枝角度小；叶片披针形，基部楔形，基部叶脉两边不等大小，叶长 4.6~8.1cm，宽 0.9~1.3cm，长／宽

为 5.1~8.1。叶缘粗锯齿；叶色中等绿色；叶柄长 0.4cm，黄绿色；托叶早落，侧脉对数为 11~18 对；叶芽浅绿色，枝条黄绿色。生长快，树形好，是良好的速生用材和园林绿化造林材料。

P16 枝叶

P16 全株

P29 枝叶

P29 全株

3 旱柳 P30

乔木，雄株，1979 年采自山东梁山。树皮中等绿色，树干通直；叶片披针形，长 12.2～13.1cm，宽 1.5～1.8cm，长 / 宽为 6.3～6.9。叶缘细锯齿，叶为暗绿色，叶柄长 1.1cm，黄绿色，托叶 2 片，侧脉对数为 8～9 对；叶芽绿褐色，枝为绿色。椭圆形花序，花序长 2.1cm，宽 0.4cm，花梗长 0.2cm，托叶为 3～4 片，花丝长 0.4cm，雄蕊 2 枚，花药黄色，苞片卵形，乳黄色。生长快，抗逆性较好，可用作速生丰产造林和速生品种育种材料。

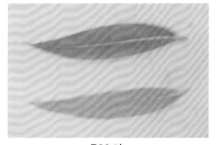

P30 叶

P30 花序

P30 枝叶

P30 全株

4 旱柳 P31

乔木，雌株，1979 年采自江苏南京江宁区东善桥。树皮中等绿色，树干通直；叶片披针形，长 12.3～13.8cm，宽 2.0～2.2cm，长 / 宽为 6.1～6.7，最宽处在中部。叶缘细锯齿，叶为暗绿色，叶柄长 0.8cm，黄绿色，托叶 2 片，侧脉对数为 12～13 对；叶芽中等绿色，枝为绿色。生长快，可用作速生丰产造林和速生品种育种材料。

P31 叶

P31 果序

P31 枝叶

P31 全株

5 旱柳 P32

乔木，雌株，1979年采自江苏泗阳县。树皮中等绿色，树干通直，分枝较多，分枝角度小；叶片披针形，长8.8~11.7cm，宽1.7~2.2cm，长/宽为4.8~5.5。叶缘细锯齿，叶为暗绿色，叶柄长0.8cm，红绿色，托叶2片，侧脉对数为10~11对；叶芽绿褐色，枝为绿色。椭圆形花序，花序长1.1cm，宽0.5cm，花梗长0.1cm，托叶为3~4片，柱头2裂，子房长圆卵形，苞片卵形，黄绿色，子房柄近无，花柱较短。适应性好，生长快，可用作速生丰产造林和速生品种育种材料。

P32 叶

P32 枝叶

P33 果序

P33 分枝

P33 枝叶

P32 全株

6 旱柳 P33

乔木，雄株，1979年采自山东胶南。树皮褐绿色，树干通直，分枝角度较大，侧枝较长，小枝皮色淡黄至灰绿色。叶片披针形，基部楔形，先端尾尖，长14.6~16.3cm，宽1.6~1.9cm，长/宽为6.6~7.3。叶缘细锯齿，叶为暗绿色，叶柄长1.0cm，黄绿色，托叶2片，侧脉对数为12~13对；叶芽中等绿色。树冠开阔，速生，可用于速生用材林造林及抗逆速生品种育种材料。

P33 花序

P33 叶

7 旱柳 P34

乔木，雌株，1979 年采自山东梁山。树皮褐绿色，树干通直；叶片披针形，基部楔形，长 11.1～12.5cm，宽 1.7～1.9cm，长 / 宽为 6.1～7.4。叶缘细锯齿状，初生叶为暗绿色，叶柄长 0.9cm，红绿色，托叶早落，侧脉对数为 11～12 对；叶芽中等绿色，枝为绿色。椭圆柱形花序，花序长 1.5cm，宽 0.6cm，花梗长 0.2cm，托叶为 2～3 片，柱头 2 裂，子房长圆卵形，苞片黄绿色，子房柄近无，花柱较短。生长快，萌蘖能力强，可用于速生丰产林和生物能源林造林。

P34 果序

P34 分枝

P34 枝叶

P34 全株

8 旱柳 P35

乔木，1980 年采自山东梁山。树皮黄绿色，树干直立，分枝角度小，分枝较短，树冠较窄；叶片长披针形，基部窄楔形，先端尾尖，叶长 9.5～12.7cm，宽 1.6～2cm，长 / 宽为 5.9～7.5。叶缘细锯齿；叶色中等

P35 枝叶

P35 全株

绿色；叶柄长 1.0cm，绿色；托叶无；侧脉对数为 17～23 对；叶芽绿褐色，枝条绿色。生长较快，适于营造高密度工业用材林。

P35 叶

9 旱柳 P37

乔木，雌株，1980 年采自山东梁山。树皮浅裂，幼枝褐绿色，树干通直；叶片披针形，基部圆形，先端尾尖，长 9.5～10.8cm，宽 1.2～1.5cm，长 / 宽为 5.9～6.5。叶

17 旱柳 P168

乔木，雌株，1983 年采自四川峨眉。树皮中等绿色，树干通直；叶片披针形，基部楔形，先端尾尖，长 13.5～14.2cm，宽 1.7～1.9cm，长/宽为 6.5～7.1。叶缘细锯齿，叶为暗绿色，叶柄长 0.6cm，黄绿色，托叶 2 片，侧脉对数为 11～12 对；叶芽绿褐色，枝为绿色。生长较快，可用作绿化造林和速生品种育种材料。

P168 叶

P168 枝叶

P168 分枝

P168 全株

P174 叶

P174 分枝

18 旱柳 P174

乔木，雌株，1983 年采自江苏泗阳。树皮灰绿色，幼年皮不裂，分枝较少，枝皮绿色，较粗，树干通直；叶片披针形，长 9.9～11.1cm，宽 1.3～1.5cm，长/宽为 5.6～6.1。叶缘细锯齿，叶为暗绿色，叶柄长 1.0cm，黄绿色，侧脉对数为 14～15 对；叶芽中等绿色。生长快，可用作速生丰产造林和速生品种育种材料。

P174 枝叶

19 旱柳 P188

乔木，雄株，1984 年采集，产地不详。树皮褐绿色，树干通直；叶片披针形，长 12.9～14.3cm，宽 1.6～1.8cm，长 / 宽为 6.4～6.9。叶缘细锯齿，叶为暗绿色，叶柄长 1.0cm，红绿色，托叶 2 片，侧脉对数为 13～14 对；叶芽褐色微红，枝为红褐色。圆柱形花序，花序长 2cm，宽 0.4cm，花梗长 0.3cm，托叶为 4～5 片，花丝长 0.3cm，雄蕊 2 枚，花药黄色，苞片卵形，乳黄色。生长慢，抗逆性较好，可用作园林品种或抗逆性品种育种亲本。

P188 全株

P188 枝叶

P188 花序

P188 叶

P188 枝

20 旱柳 P192

乔木，雌株，1984 年采自山东济南。树皮中等纵裂，小枝褐红色，树干通直；叶片披针形，长 11.9～12.7cm，宽 1.7～1.9cm，长 / 宽为 6.2～6.8。叶缘细锯齿，叶为暗绿色，叶柄长 0.8cm，红绿色，托叶 2 片，侧脉对数为 11～12 对；叶芽褐色微红，枝为红褐色。圆柱形花序，花序长 1.5cm，宽 0.6cm，花梗长 0.2cm，

托叶为 3～4 片，柱头 2 裂，子房圆锥形，苞片卵形，黄绿色，子房柄近无，花柱较短。生长快，干型好，可用作速生丰产造林和速生品种育种材料。

P192 叶

P192 枝叶

P192 果序

P192 全株

21 旱柳 P193

乔木，雌株，1984 年采集，产地不详。树皮灰绿色，树干通直，小枝土黄色；叶片披针形，基部楔形，中脉两边不对称，叶长 12.6～14.1cm，宽 1.8～2.1cm，长 / 宽为 6.2～7.1。叶缘细锯齿，叶为暗绿色，叶柄长 1.0cm，黄绿色，侧脉对数为 9～10 对；叶芽中等绿色，枝为绿色。圆柱形花序，花序长 1.6cm，宽 0.5cm，花梗长 0.3cm，托叶为 4～5 片，柱头 2 裂，子房圆锥形，苞片卵形，黄绿色，子房柄近无，花柱较短。可用作速生丰产林造林和速生品种种育种材料。造林和速生品种育种材料。

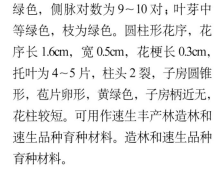

P193 叶

P193 枝叶

P193 果序

P193 分枝

P193 全株

P259 叶

P259 枝

P259 枝叶

P259 果序

22 旱柳 P259

乔木，雄株。1985 年采自江苏溧阳，雄株，树皮中等绿色，树干通直，侧枝分枝角较小，小枝淡黄色；叶片长披针形，基部圆形，先端尾尖，长 9.7～11.3cm，宽 1.7～2.0cm，长 / 宽为 4.6～5.1。叶缘细锯齿，叶为暗绿色，叶柄长 0.5cm，黄绿色，托叶 2 片，侧脉对数为 10～11 对；叶芽钝圆，红绿色。生长速度快，可用于用材林培育和行道绿化，一般配合力较高。

P259 分枝

23　旱柳 P306

乔木，雌株，1987 年采自甘肃平凉。树皮褐绿色，浅裂，树干通直，小枝红褐色；叶片披针形，基部楔形，长 10.6～11.9cm，宽 1.4～1.8cm，长／宽为 5.6～6.2。叶缘细锯齿，叶为暗绿色，正面有绒毛，背面灰白色，叶柄长 0.7cm，红绿色，托叶 2 片，侧脉对数为 11～12 对；叶芽绿褐色，枝为灰绿色。耐干旱、耐瘠薄，生长较快，可用于用材林培育，以及抗逆速生品种育种亲本。

P306 全株

P306 分枝

P306 叶

P306 枝叶

24　旱柳 P424

乔木，雄株，漳河柳变型，1998 年采自北京房山。树皮褐绿色，分枝角极小，树干通直；叶片狭披针形，基部楔形，先端长尾尖，长 13.1～14.8cm，宽 1.2～1.4cm，长／宽为 9.5～10.1。叶缘细锯齿，叶为暗绿色，叶柄长 0.5cm，黄绿色，侧脉对数为 12～13 对；叶芽绿褐色，枝为绿色。适应性好，可用作速生丰产造林和速生品种育种材料。

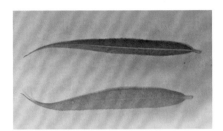

P424 叶

P424 枝

P424 枝叶

P424 全株

25 旱柳 P426

乔木，雌株，1998 年采自江苏射阳。树皮褐绿色，树干通直；叶片披针形，长 11.5～13.2cm，宽 2.5～2.8cm，长 / 宽为 4.2～5.0。叶缘细锯齿，叶为暗绿色，叶柄长 0.8cm，黄绿色，托叶 2 片，侧脉对数为 12～13 对；叶芽绿褐色，枝为绿色。

圆柱形花序，花序长 1.3cm，宽 0.6cm，花梗长 0.3cm，托叶为 4～5 片，柱头 2 裂，子房长圆卵形，苞片卵形，嫩黄绿色，子房柄近无，花柱较短。适应性强，生长快，可用作速生丰产造林和速生品种育种材料。

P426 枝叶

P426 分枝

P426 果序

P426 叶

26 旱柳 P443

乔木，雄株，1999 年采自北京房山。树皮浅绿色，树干通直；叶片长披针形，基部楔形，先端长渐尖，长 4.5～7.5cm，宽 1.1～1.2cm，长 / 宽为 4.1～6.9。叶缘细锯齿，叶色中等绿色，叶柄长 0.5cm，红绿色，侧脉对数为 10～15 对；叶芽绿褐色，枝条绿色。该无性系生长较快，干型较好，适应性较强，多用于杂交亲本。

P443 枝

P443 叶

P443 全株

P443 枝叶

P443 花序

27 旱柳 P456

乔木，雌株，1999年采自安徽和县乌江镇。树皮灰白色，树干通直；叶片披针形，长12.5～14.8cm，宽2.2～2.5cm，长/宽为5.6～6.3。叶缘细锯齿，叶为暗绿色，叶柄长0.9cm，黄绿色，托叶2片，侧脉对数为10～11对；叶芽中等绿色，枝为绿色。

圆柱形花序，花序长1.6cm，宽0.9cm，花梗长0.2cm，托叶为3～4片，柱头2裂，子房圆锥形，苞片卵形，黄绿色，子房柄近无，花柱较短；生长快，抗逆性好，可用作速生丰产造林和速生品种育种材料。

P456 果序

P456 叶

P456 花序

为5.5～9.0。叶缘细锯齿状，初生叶为暗绿色，叶柄长0.6cm，黄绿色，托叶耳形，2片，侧脉对数为9～11对；叶芽中等绿色，枝为绿色。生长快，耐水湿性好。

P457 枝叶

P457 花序

P456 分枝

28 旱柳 P457

乔木，雄株，1999年采自安徽芜湖彭家坝。树皮较光滑，树皮褐绿色，分枝较多，分枝较小，小枝微红褐；叶片披针形，基部楔形，长8.3～13.6cm，宽1.0～1.8cm，长/宽

P457 叶

P456 枝叶

P457 全株

二、馒头柳 *S. matsudana* f. *umbraculifera*

29 馒头柳 P52

乔木，旱柳变型，雌株，1980年采自北京。幼年树皮不裂，中等绿色，树干通直，树冠饱满；叶片披针形，基部楔形，长 12.7～13.3cm，宽 1.8～2.0cm，长／宽为 6.4～7.4。叶缘细锯齿状，初生叶为暗绿色，叶柄长 0.8cm，黄绿色，托叶退化，侧脉对数为 10～12 对；叶芽中等绿色，枝为绿色。圆柱形花序，花序长 2.3cm，宽 0.4cm，花梗长 0.2cm，托叶为 2～3 片。生长快，景观效果好，可用于园林绿化和行道树造林。

P52 枝叶

P52 花序

P442 枝叶

P52 叶

P442 果序

P52 分枝

30 馒头柳 P442

乔木，旱柳变型，雌株，1999年采自北京房山。树皮中等绿色，树干通直，树冠圆形，树冠分枝多，树冠饱满；叶片狭披针形，叶长 11.3～14.8cm，宽 1.2～2.8cm，长／宽为 5.3～11.2。叶缘粗锯齿；叶色中等绿色；叶柄长 0.6cm，绿色；托叶披针形，侧脉对数 16～22 对；叶芽浅绿色，枝条绿色。该无性系抗逆性较强，观赏价值高，可作为优良的园林材料。

P442 叶

P442 分枝

31 馒头柳 P449

乔木，旱柳变型，雌株，1999年采自北京房山。树皮黄绿色，树冠饱满，圆形，树干直；叶片狭披针形，基部窄楔形，先端尾尖，叶长8～11.3cm，宽1～1.5cm，长／宽为6.8～8.7。叶缘细锯齿；叶色中等绿色；叶柄长0.8cm，黄绿色；托叶早落，侧脉对数为13～17对；叶芽褐色微红，枝条黄绿色。该无性系抗逆性较强，观赏价值高，可作为优良的园林材料。

P449 分枝

P449 全株

P449 叶

P449 枝叶

P449 果序

32 馒头柳 P460

乔木，旱柳变型，雄株，2001年采自北京房山崇各庄。树皮中等绿色，树干通直；叶片披针形，基部楔形，长12.2～12.8cm，宽1.4～1.6cm，长／宽为7.6～9.1。叶缘细锯齿状，初生叶为暗绿色，叶柄长0.6cm，红绿色，托叶2片，披针形，侧脉对数为11～13对；叶芽绿褐色，枝为绿色。圆柱形花序，花序长1.4cm，宽0.4cm，花梗长0.2cm，托叶为2～3片，花丝0.3cm，雄蕊数2枚，花药金黄色，苞片钝形，淡乳白色。生长速度一般，观赏性好，可用于园林绿化。

P460 叶

P460 枝叶

P460 果序

P460 全株

33 馒头柳 P497

乔木，旱柳变型，雌株，2001年采自新疆哈密。树皮中等绿色，树干直，树冠饱满；叶片披针形，长 9.3～10.1cm，宽 1.3～1.5cm，长 / 宽为 6.1～6.8。叶缘细锯齿，叶为暗绿色，叶柄长 0.7cm，黄绿色，托叶 2 片，侧脉对数为 9～10 对；叶芽中等绿色，

P497 枝叶

P497 叶

P497 全株

枝为绿色。在江苏表现较好，可用于园林绿化和抗逆性观赏品种选育材料。

P497 果序

三、龙爪柳 *Salix matsudana f. tortuosa*

34 龙爪柳 P54

乔木，旱柳变型，雌株，1979年采自云南楚雄。树皮深绿色，树干

P54 枝叶

与枝条均扭曲；叶片披针形，轻度扭曲，叶片颜色深绿色，长 6.2～6.9cm，宽 1.1～1.7cm，长 / 宽为 4.4～6.5。叶缘细锯齿，叶色浅绿色，叶柄长 0.5cm，绿色，侧脉对数 13～18 对；叶芽浅绿色，枝条黄绿色。在江苏生长较好，可用于园林绿化。

P54 全株

P54 叶

P54 枝

35 龙爪柳 P505

乔木，旱柳变型，2001 年采自新疆哈密。树皮中等绿色，树干及枝条均蜿蜒扭曲；叶片扭曲，披针形，长 6.15～9.8cm，宽 1.2～1.8cm，长／宽为 3.4～7.7。叶缘粗锯齿，叶色浅绿色，叶柄长 0.8cm，黄绿色，侧脉对数 9～15 对；叶芽浅绿色，枝

P505 叶

P505 枝

P505 枝叶

P505 全株

条绿色。该无性系叶色与枝色均比旱柳 P520 深，在江苏可正常生长，可用于干花花材生产和园林绿化。

36 龙爪柳 P506

乔木，旱柳变型，2001 年采自新疆哈密。树皮绿色，树干及枝条均扭曲；叶片披针形，叶片轻度扭曲，长 6.2～10.5cm，宽 1.4～1.7cm，长／宽为 4.4～6.7。叶缘细锯齿，叶片中等绿色，叶柄长 0.8cm，黄绿色，侧脉对数 11～22 对；叶芽中等绿色，枝条绿色；托叶 2 片，披针形。适应性较强，生长较好，可用于园林绿化。

P506 叶

P506 枝

P506 枝叶

P506 全株

37 龙爪柳 P511

乔木，旱柳变型，2001年采自青海酒泉。树皮墨绿色，树干和枝条蜿蜒扭曲；叶片披针形，扭曲，基部楔形，先端渐尖至尾尖，叶长9.6～11.8cm，宽1.3～2.1cm，长/宽为5.4～7.4。叶缘细锯齿；叶色黄绿色；叶柄长0.9cm，黄绿色；托叶无，

P511 叶

P511 枝

侧脉对数为15～19对；叶芽浅绿色，枝条绿色。该无性系耐寒、耐旱性较好，生长较快，可用于干花花材生产和园林绿化。

38 龙爪柳 P520

乔木，旱柳变型，2001年采自青海西宁。树皮淡黄绿色，树干和枝条均蜿蜒扭曲；叶片扭曲，叶片狭披针形，基部楔形，先端尾尖，长

P520 枝叶

6.5～11.9cm，宽1.2～2.3cm，长/宽为3.9～6.8。叶缘粗锯齿，叶色浅绿色，叶柄长0.5cm，红绿色，侧脉对数为11～24对；叶芽浅绿色，枝条绿色。可用于干花花材生产和园林绿化。

P520 叶

P511 枝叶

P511 全株

P520 枝

P520 全株

39 龙爪柳 P521

乔木，旱柳变型，2001 年采自青海西宁。树皮中等绿色，树干、枝条均蜿蜒扭曲；叶片长披针形，扭曲，基部楔形，先端尾尖，长 7.2~12.4cm，宽 1.3~2.1cm，长 / 宽为 4.5~7.3。叶缘粗锯齿，叶色中等绿色，叶柄长 0.8cm，黄绿色，侧脉对数 13~22 对；叶芽绿褐色，枝条绿色，托叶 2 片，披针形。在江苏生长较好，可用于干花花材生产和园林绿化。

P521 枝

P521 枝叶

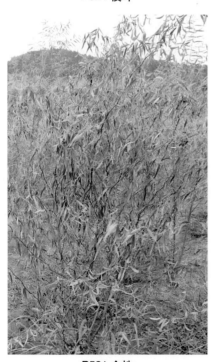

P521 全株

40 龙爪柳 P832

乔木，旱柳变型，雌株，2002 年采自西藏拉萨。树皮中等绿色，顶端优势较强，树干及枝条均弯曲，分枝角度较小；叶片披针形，长 9.5~11.2cm，宽 1.3~1.6cm，长 / 宽为 6.5~7.1。叶缘细锯齿，叶为暗绿色，叶柄长 0.6cm，绿色，托叶 2 片，侧脉对数为 11~12 对；叶芽绿褐色，枝为绿色。

圆柱形花序，花序长 1.5cm，宽 0.6cm，花梗长 0.3cm，托叶为 3~4 片，柱头 2 裂，子房圆锥形，苞片卵形，黄绿色，子房柄近无，花柱较短；可用于园林绿化和用材林生产，也是较好的杂交亲本材料。

P832 叶

P832 枝

P832 枝叶

P832 果序

P832 全株

四、垂柳 *Salix babylonica*

41 垂柳 P1

乔木，雌株，1975年采自江苏南京蒋王庙。树皮中等绿色，树干通直，树冠圆卵形，分枝茂密；叶片长披针形，基部楔形，长10.4～13.7cm，宽1.5～2cm，长/宽为6.1～8.2。叶缘细锯齿状，初生叶为暗绿色，叶柄长0.8cm，黄绿色，无托叶，侧脉对数为10～13对；叶芽中等绿色，枝为绿色。圆柱形花序，花序长2.1cm，宽0.5cm，花梗长0.4cm，托叶数3～4片，柱头2裂，子房圆锥形，苞片黄绿色，子房柄近无，花柱较短。生长快，适应性好，可用于园林绿化和用材林生产。

P1 分枝

42 垂柳 P8

乔木，雌株，1978年采自江苏南京江宁新洲。树皮黄色，树干通直，分枝较多，较长；叶片披针形，基部楔形，长8.7～11.8cm，宽1.2～1.4cm，长/宽为6.5～8.8。叶缘细锯齿状，初生叶为暗绿色，叶柄长0.5cm，绿色，托叶退化，侧脉对数为10～12对；叶芽浅绿色，枝为灰绿色。圆柱形花序，花序长1.4cm，宽0.6cm，花梗长0.2cm，托叶为1～2片，柱头2裂，子房长圆卵形，苞片嫩黄绿色，子房柄近无，花柱较短。耐淹耐涝，生长较快；可用于用材林及生态林造林。

P8 叶

P8 分枝

P1 枝叶

P1 叶

P8 花序

P8 分枝

43 垂柳 P11

乔木，雌株，1978年采自四川峨眉。树皮浅裂，绿色，树干顶端优势差，分枝角度很大，树冠开阔，小枝红褐色；叶片披针形，基部楔形，长 9.5～10.5cm，宽 1.4～1.6cm，长/宽为 6.3～6.9。叶缘细锯齿状，初生叶为暗绿色，叶柄长 0.6cm，红绿色，托叶 2 片，耳形，侧脉对数为 10～11 对；叶芽褐色微红，枝为红褐色。景观效果好，可用于园林绿化造林，是很好的杂交亲本材料。用于选育抗逆性、景观柳树品种。

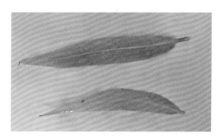

P11 叶

P11 枝叶

P11 全株

P11 果序

44 垂柳 P13

乔木，雌株，1978年采自四川成都沙河堡。树皮中等绿色，浅裂，树干通直，分枝较粗、较长，先端下垂；叶片长披针形，基部楔形，先端尾尖，长 11.7～13.2cm，宽 1.3～1.6cm，长/宽为 7.8～9.8，最宽处在中部。叶缘细锯齿状，初生叶为暗绿色，叶柄长 0.6cm，黄绿色，托叶耳形，2 片，侧脉对数为 9～10 对；叶芽中等绿色，枝为绿色。圆柱形花序，花序长 2cm，宽 0.3cm，花梗长 0.2cm，托叶为 2～3 片。景观效果较好，可用于景观绿化造林。

P13 叶

P13 花序

P13 枝叶

P13 分枝

P13 全株

45 垂柳 P14

乔木，雌株，1978年采自四川灌县。树皮黄绿色，树干直；叶片阔披针形，基部楔形，长 10.9～12.5cm，宽 1.7～2.2cm，长/宽为 5.7～6.9。叶缘细锯齿状，初生叶为中等绿色，叶柄长 0.9cm，红绿色，托叶耳形，2 片，侧脉对数为 11～12 对；叶芽中等绿色，枝为绿色。圆柱形花序，花序长 1.9cm，宽 0.5cm，花梗长 0.3cm，托叶为 4～5 片，柱头 2 裂，子房长圆卵形，苞片嫩黄绿色，子房柄近无，花柱较短。耐干旱，耐瘠薄，生长较快，可用于园林绿化造林及育种材料。

P14 叶

P14 果序

P14 枝叶

P14 全株

46 垂柳 P19

乔木，雄株，1978年采自四川成都。树皮浅绿色，树干通直，分枝较少，较低，较大；叶片披针形，基部楔形，长 15.1～16.5cm，宽 2.6～3.2cm，长/宽为 4.9～6.3。叶缘细锯齿状，初生叶为暗绿色，叶柄长 1.1cm，黄绿色，托叶 2 片，耳形，侧脉对数为 13～15 对；叶芽中等绿色，枝为绿色。长圆柱形花序，花序长 3.0cm，宽 0.4cm，花梗长 0.3cm，托叶为 4～5 片，花丝 0.3cm，雄蕊数 2 枚，花药黄色，苞片卵形，乳黄色。

生长快，适应性强，可用于景观绿化和用材林生产。

P19 枝叶

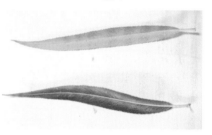

P19 叶

P19 全株

47 **垂柳 P22**

乔木，雌株，1978 年采自安徽沙河集。树皮深绿色，皮浅裂，树干通直；叶片披针形，基部楔形，长 12.1~13.9cm， 宽 1.7~1.9cm，长 / 宽为 6.4~8.2。叶缘细锯齿状，初生叶为暗绿色，叶柄长 0.9cm，黄绿色，托叶 2 片，耳形，侧脉对数为 12~13 对；叶芽中等绿色，枝为绿色。长圆柱形花序，花序长 1.2cm，宽 0.6cm，花梗长 0.4cm，托叶为 2~3 片，柱头 2 裂，子房长圆卵形，苞片嫩黄绿色，子房柄近无，花柱较短。可用于用材林及园林绿化造林。

P22 枝叶

P22 果序

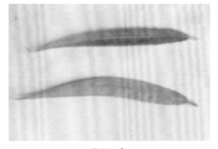

P22 叶

P22 分枝

48 **垂柳 P23**

乔木，雌株，1978 年采自四川灌县。树皮淡黄绿色，树干通直，幼时皮不裂，分枝角度小，较长；叶片披针形，基部楔形，长 11.3~13.5cm，宽 2.1~2.5cm，长 / 宽为 5.2~5.9。叶缘细锯齿状，初生叶为黄绿色，叶柄长 1cm，红绿色，托叶耳形，2 片，侧脉对数为 9~12 对；叶芽褐色微红，枝为红褐色。生长较好，抗逆性较好，可用于速生用材林及育种亲本。

P23 叶

P23 枝叶

P23 果序

P23 全株

49 垂柳 P95

乔木，雄株，1980 年采自云南昆明。树皮红褐色，树干较矮，幼树皮不裂，灰绿色，小枝为红褐色；叶片披针形，长 8.5～9.9cm，宽 1.2～1.4cm，长/宽为 6.0～6.7。叶缘细锯齿，叶为暗绿色，叶柄长 0.8cm，红绿色，托叶 2 片，侧脉对数为 9～10 对；叶芽褐色微红。生长较慢，抗逆性较好，可用于生态林、景观林造林以及杂交亲本。

P95 叶

P95 枝

P95 枝叶

P95 全株

50 垂柳 P159

乔木，雌株，1983 年采自四川灌县。幼树树皮土黄色，树干顶端优势较弱，分枝较长，分枝角较小，小枝土黄略带红色；叶片披针形，基部楔形，长 8.8～13.7cm，宽 1.4～1.6cm，长/宽为 5.9～8.6。叶缘细锯齿状，初生叶为暗绿色，叶柄长 0.3cm，红绿色，托叶 2 片，披针形，侧脉对数为 13～15 对；叶芽中等绿色。可用于营造用材林和景观林，也是较好的杂交亲本。

P159 枝叶

P159 叶

P159 枝

P159 果序

P159 分枝

51 垂柳 P164

乔木，雄株，1983 年采自四川灌县。树皮浅土黄绿色，树干较直，分枝较多，分枝角较小，小枝灰黄色，顶端小垂；叶片披针形，长 14.8~16.3cm，宽 3.1~3.4cm，长／宽为 4.5~5.1。叶缘细锯齿，叶为中等绿色，叶柄长 0.8cm，黄绿色，托叶 2 片，侧脉对数为 12~13 对；叶芽绿褐色，枝为绿色。该无性系树体较高，抗逆性较好，可用于行道树绿化。

P164 枝

P164 枝叶

P164 叶

P164 果序

P164 全株

P165 叶

P165 枝

P165 枝叶

P165 花序

52 垂柳 P165

乔木，雄株，1983 年采集，产地不详。树皮中等绿色，树干通直，分枝较多较长，先端下垂，树冠阔卵形；叶片披针形，基部楔形，长 10.5~12.8cm，宽 1.5~1.7cm，长／宽为 6.6~8.0。叶缘细锯齿状，初生叶为暗绿色，叶柄长 0.8cm，红绿色，托叶退化，侧脉对数为 10~12 对；叶芽中等绿色，枝为绿色。生长较宽，树冠饱满，可用于用材林及景观绿化造林。

P165 分枝

53 垂柳 P177

乔木，雌株，1983 年采自四川灌县。树皮褐绿色，树干通直，分枝长，分枝角小，小枝先端下垂，小枝土黄绿色；叶片披针形，基部楔形，长 10.6~11.9cm，宽 1.9~2.1cm，长/宽为 5.6~6.0。叶缘细锯齿状，初生叶为黄绿色，叶柄长 0.9cm，红绿色，托叶 2 片，耳形，侧脉对数为 11~12 对；叶芽褐色微红。生长较好，适应性较好，可以用于用材林和景观造林。

P177 分枝

P177 枝叶

P177 叶

P177 果序

P185 枝叶

P185 叶

54 垂柳 P185

乔木，雌株，1983 年采自四川峨眉。树皮中等绿色，树干顶端优势弱，分枝长，前部下垂；叶片披针形，基部楔形，长 9.5~10.8cm，宽 1.3~1.6cm，长/宽为 6.0~7.5。叶缘细锯齿状，初生叶为暗绿色，叶柄长 0.6cm，红绿色，托叶 2 片，耳形，侧脉对数为 9~11 对；叶芽中等绿色，枝为绿色。短圆柱形花序，花序长 1.4cm，宽 0.7cm，花梗长 0.2cm，托叶为 2~3 片，柱头裂，子房圆锥形，苞片嫩黄绿色，子房柄近无，花柱较短。该无性系垂性好，可用作园林绿化。

P185 分枝

55　垂柳 P344

　　乔木，雄株，1989 年采自江苏吴县木渎。树皮中等绿色，树干通直，分枝少，角度小；叶片阔披针形，基部楔形，长 12.2～14.9cm，宽 2.8～3.3cm，长 / 宽为 3.7～5.3。叶缘细锯齿状，初生叶为暗绿色，叶柄长 1.2cm，黄绿色，托叶 2 片，披针形，侧脉对数为 11～13 对；叶芽中等绿色，枝为绿色。长圆柱形花序，花序长 3.1cm，宽 0.7cm，花梗长 0.4cm，托叶为 3～4 片，花丝 0.4cm，雄蕊数 2 枚，花药黄色，苞片乳黄色。树形好，景观好，生长快，适应性强，是优良的用材林和景观林生产材料，也是优良的杂交亲本，一般配合力大。

P344 叶

P344 花序

P344 全株

P344 枝叶

56　垂柳 P439

　　乔木，雄株，1999 年采自江苏沭阳。树皮灰绿色，树干较直，分枝较长，侧枝从中部即下垂，小枝浅灰绿色；叶片披针形，基部楔形，长 13.2～14.3cm，宽 1.8～2.0cm，长 / 宽为 6.9～7.8。叶缘细锯齿状，初生叶为暗绿色，叶柄长 0.8cm，黄绿色，托叶 2 片，耳形，侧脉对数为 12～14 对；叶芽中等绿色。观赏效果好，适于园林绿化造林，也是很好的杂交亲本。

P439 叶

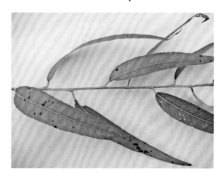

P439 枝叶

P439 全株

65 垂柳 P843

乔木，雄株，2002年采自西藏罗布林卡（达赖夏宫）。树皮淡黄绿色，分枝较长，先端下垂，树干直立；叶片狭披针形，叶长9.0～13.3cm，宽1.0～2.0cm，长/宽为6.5～9.0。叶缘粗锯齿；叶色中等绿色；叶柄长1.2cm，绿色；托叶早落，侧脉对数为20～32对；叶芽绿褐色，枝条绿色。在南京表现较好，用于选育抗逆品种的育种材料。

P843 枝叶

P843 全株

P416 叶

P416 枝

P843 叶

P843 枝

P843 枝

五、白柳 *S. alba*

66 白柳 416

乔木，雄株，2000年采自甘肃临夏。树皮黄绿色，树干通直，分枝较大约80度，分枝长，垂性好，小枝黄绿色；叶片披针形，长11.5～13.1cm，宽1.7～2.0cm，长/宽为5.8～6.4。叶缘细锯齿，叶为暗绿色，叶柄长1.1cm，黄绿色，托叶2片，侧脉对数为11～12对；叶芽绿褐色。圆柱形花序，花序长2.7cm，宽0.4cm，花梗长0.2cm，托叶为3～4片，花丝长0.4cm，雄蕊2枚，花药黄色，苞片卵形，淡黄色。观赏效果好，可用于园林绿化，是较好的园林品种育种材料。

P416 枝叶

P416 全株

六、南京柳 *S. nankingensis*

67　南京柳 P1039

　　乔木，雌株，2008 年采自南京。树皮中等绿，树干直立；叶片披针形，长 9.8～12.4cm，宽 1.9～2.4cm，长 / 宽为 4.9～5.6，最宽处在叶片下部 1/4 处。叶缘细锯齿，叶色中等绿色，两面光滑，同色，叶柄长 1.0cm，绿色，侧脉对数 11～18 对；叶芽浅绿色，枝条绿色；托叶卵形，2 片。用于生态造林和育种亲本材料。

P1039 叶

P1039 全株

P1039 枝

P1039 枝叶

P1039 果序

七、腺柳 *S. chaenomeloides*

68　腺柳 P196

　　乔木，雌株，1984 年采自新疆农五师。树皮中等绿色，树干通直，叶片披针形，长 11.7～14.1cm，宽 2.3～3.6cm，长 / 宽为 4.9～5.7。叶缘细锯齿，叶为暗绿色，叶柄长 0.5cm，绿色，托叶 2 片，侧脉对数为 13～14 对；叶芽中等绿色，枝为绿色。

　　圆柱形花序，花序长 1.2cm，宽 0.6cm，花梗长 0.2cm，托叶为 2～3 片，柱头 2 裂，子房长圆卵形，苞片卵形，黄绿色，子房柄近无，花柱较短。

P196 枝叶

P196 叶

P196 枝

P196 分枝

P196 果序

69 腺柳 P935

乔木，雌株，2004年采自北
京。树皮深灰绿色，树干较直，树
冠卵形；叶片卵形，基部楔形，长
12.1~13.8cm，宽 4.4~5.2cm，长/宽
为2.5~2.8。叶缘细锯齿状，初生叶为
红色，叶柄长1.9cm，红绿色，托叶
6片，耳形，侧脉对数为11~13对；
叶芽中等绿色，枝为绿色。圆柱形花
序，花序长3.5cm，宽0.6cm，花梗长
0.4cm，托叶数4~5片，柱头2裂，
子房圆锥形，苞片较小，卵形，嫩绿
色，子房柄0.2cm，花柱较短。抗虫、
抗病性强，景观价值高，可用于营建
景观林、生态林。

P935 叶

P935 初发叶

P935 枝叶

P935 枝

P935 分枝

70 腺柳 P942

乔木，雌株，2004 年采自浙江杭州西湖。树皮褐土灰色，树干较直；叶片长圆形至阔披针形，长 12.1~14.2cm，宽 2.6~3.4cm，长／宽为 4.6~5.1。叶缘细锯齿，叶为黄绿色，叶柄长 1.5cm，叶柄及叶脉红绿色，叶柄两个腺点托叶状，托叶 4 片，耳形，侧脉对数为 11~12 对；叶芽褐色微红，枝为红褐色。耐水湿，病虫害少。可用于生态林和景观林造林。

P942 枝叶

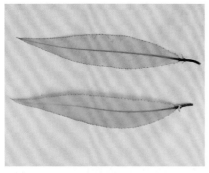

P942 叶

P942 枝

P942 全株

八、紫柳 *S. wilsonii*

71 紫柳 P92

乔木，雌株，1980 年采自江苏南京东善桥。树皮灰绿色，树干通直，小枝为红褐色；叶片阔披针形，长 9.6~10.9cm，宽 2.7~3.0cm，长／宽为 3.6~4.1。新叶不红，叶缘细锯齿，叶为暗绿色，叶柄长 1.2cm，红绿色，托叶 4 片，侧脉对数为 10~11 对；叶芽褐色微红。长圆柱形花序，花序长 3.4cm，宽 0.7cm，花梗长 0.7cm，托叶为 3~4 片，柱头 2 裂，子房圆锥形，苞片卵形，嫩黄绿色，子房柄近无，花柱较短。适应性较好，生长较快，未见病虫害，是优良的生态造林和园林绿化材料。

P92 枝叶

P92 枝

P92 果序

P92 分枝

72 紫柳 P94

小乔木，雄株，1980年采自江苏南京江宁区东善桥。树皮土灰色，树干顶端优势差；叶片卵形，基部楔形，长 4.5~5.6cm，宽 1.8~2.1cm，长/宽为 2.2~2.9。初生叶为红色，叶缘细锯齿状，叶柄长 0.4cm，红绿色，托叶 2 片，披针形，侧脉对数为 7~9 对；叶芽中等绿色，枝为黄绿色。长圆柱形花序，花序长 5.2cm，宽 0.5cm，花梗长 0.6cm，托叶为 2~3 片，花丝 0.4cm，雄蕊数 2~3 枚，花药黄色，苞片嫩黄绿色。耐干旱、耐水湿，病虫害少，是优良的生态造林树种和景观绿化材料。

P94 枝叶

P880 叶

73 紫柳 P880

乔木，雌株，2003年采自江苏无锡太湖鼋头渚。树皮灰褐色，树干较直，树皮绿色，浅裂；叶片阔披针形，长 15.2~16.4cm，宽 3.6~4.1cm，长/宽为 4.6~5.1。新叶稍红，叶缘细锯齿，叶为暗绿色，叶柄长 1.7cm，红绿色，托叶 2 片，耳形，侧脉对数为 12~13 对；叶芽褐色微红，枝为红褐色。耐水淹，生长一般，未见病虫害，是优良的湿地造林材料。

P880 枝叶

P94 叶

P94 全株

P880 果序

P880 全株

九、长蕊柳 *S. longistamina*

74 长蕊柳 P833

乔木，雄株，2002 年采自西藏拉萨。树皮黄色，稍浅裂，树干顶端优势较差，分枝较长，先端下垂，小枝淡黄色；叶片披针形，基部楔形，长 10~16.1cm，宽 1.6~2.3cm，长/宽为 6.3~7.7。叶缘细锯齿状，初生叶为暗绿色，叶柄长 0.9 cm，黄绿色，托叶 2 片，耳形，侧脉对数为 10~13 对；叶芽中等绿色，枝为黄绿色。长圆柱形花序，花序长 2.4cm，宽 0.4cm，花梗长 0.2cm，托叶为 2~3 片，花丝 0.4cm，雄蕊数 2 枚，花药黄色，苞片卵形，黄色。目前仅用于杂交育种。

P833 枝叶

P833 叶

P833 枝

P833 花序

P833 分枝

十、新紫柳 *S. neowilsonii*

75 新紫柳 P343

乔木，雄株，1989 年采自江苏吴县木渎镇。树皮灰绿色，树干通直，分枝较短，较粗，不垂；叶片阔披针形，长 9.8~10.9cm，宽 1.7~1.9cm，长/宽为 5.0~5.6。叶缘细锯齿，叶为暗绿色，叶柄长 0.9cm，红绿色，托叶耳形，4 片，侧脉对数为 10~11 对；叶芽绿褐色，枝为绿色。长圆柱形花序，花序长 4.8cm，宽 0.5cm，花梗长 0.4cm，托叶为 3~4 片，花丝长 0.4cm，雄蕊 3~4 枚，花药黄色，苞片钝形，乳黄色。耐水性好，在江苏南京及原产地未见病虫害，可作为湿地生态造林和园林绿化材料。

P343 枝叶

P343 枝

P343 花序

十一、左旋柳 *S. paraplesia* var. *subintegra*

76 左旋柳 P845

乔木，雌株，2002 年采自西藏布达拉宫。树皮红褐色，树干通直；叶片卵形，长 9.5～10.4cm，宽 3.5～3.8cm，长 / 宽为 2.6～3.1。叶缘细锯齿，叶为暗绿色，叶柄长 1.6cm，红绿色，托叶 6 片，耳形，侧脉对数为 9～10 对；叶芽中等绿色，枝为绿色。目前仅用于抗逆性品种的育种材料。

P343 分枝

P845 全株

十二、乌柳 *S. cheilophila*

77 乌柳 P752

乔木，雌株，2002年采自西藏嘎玛。树皮青绿色，树干通直；叶片阔披针形，长10.5～11.6cm，宽2.1～2.4cm，长/宽为4.6～5.3。叶缘细锯齿，叶为暗绿色，叶柄长0.4cm，绿色，托叶2片，侧脉对数为11～12对；叶芽中等绿色，枝为绿色。目前仅用于抗逆性品种的育种材料。

P752 枝叶

P752 全株

P752 果序

十三、康定柳 *S. paraplesia*

78 康定柳 P751

乔木，雌株，2002年采自西藏嘎玛。树皮中等绿色，树干通直，分枝较粗；叶片卵状披针形，叶面光滑有光泽，背面灰白，有白粉，长12.0～13.3cm，宽1.5～1.8cm，长/宽为5.8～6.5。叶缘细锯齿，叶为暗绿色，叶柄长0.6cm，红绿色，侧脉对数为11～12对；叶芽卵形，绿褐色，枝为绿色。目前仅用于选育抗逆性品种的育种材料。

P751 枝叶

P751 叶

P751 果序

P751 全株

P751 树形

P751 分枝

十四、银叶柳 *S. chienii*

79 银叶柳 P384

乔木，雄株，1991 年采自江苏。树皮褐绿色，树干较直，幼树皮不裂，幼树皮灰绿色，枝为绿色；叶片披针形，长 9.7～10.5cm，宽 1.4～1.7cm，长 / 宽为 5.5～6.1。叶缘细锯齿，叶为暗绿色，背面灰白色，有毛，叶柄长 0.5cm，黄绿色，托叶披针形，2 片，侧脉对数为 9～10 对；叶芽绿褐色。目前仅作为杂交育种材料。

P384 枝叶

P384 叶

P384 分枝

P384 花序

十五、簸箕柳 *Salix suchowensisul*

80　簸箕柳 P61

灌木，雌株，1975 年采自江苏如皋。树皮浅绿色，叶片长披针形，长 13.5～14.3cm，宽 1.4～1.7cm，长／宽为 8.0～9.0。叶缘粗锯齿，叶为浅绿色，叶柄长 1.0cm，黄绿色，托叶 2 片，披针形，侧脉对数为 22～23 对；叶芽浅绿色偏红。该无性系枝条长，较粗壮，分枝极少，萌蘖能力强，可用于柳编林和生物能源林培育。

P61 叶

P61 枝叶

P61 枝

P61 花序枝叶

P61 全株

81　簸箕柳 P1024

灌木，雌株，2007 年采自山东莒南县。柳条树皮黄色，分枝极少；叶片条形，长 9.7～10.5cm，宽 1.0～1.2cm，长／宽为 8.5～9.6。叶缘细锯齿，叶为黄绿色，叶柄长 0.6cm，黄绿色，托叶 2 片，披针形，侧脉对数为 20～21 对；叶芽浅绿红尖。生长较快，可用于编织柳造林或生物能源林生产。

P1024 枝叶

P1024 叶

P1024 枝

P1025 花序

P1024 花序

82 簸箕柳 P1025

灌木，雌株，2007 年采自山东莒南县。树皮浅绿色，柳条细长，分枝极少，枝条柔软；叶片条状披针形，基部楔形，先端钝尖，长 10.6～11.3cm，宽 1.3～1.6cm，长/宽为 6.0～6.8。叶缘细锯齿，叶为浅绿色，叶柄长 0.5cm，红绿色，托叶披针形，2 片，侧脉对数为 21～22 对；叶芽浅绿红尖。生长快，适于柳编林造林生产。

P1025 叶

P1025 枝叶

P1024 全株

P1025 全株

十六、二色柳 *S. albertii*

83 二色柳 P294

　　灌木，雌株，1987 年采自山东临沭。树皮中等绿色，柳条直立，较粗壮，萌蘖能力强，分枝少；叶片长披针形，长 8.6～9.3cm，宽 1.0～1.3cm，长 / 宽为 7.5～8.6。叶缘细锯齿，叶为中等绿色，叶柄长 0.4cm，红绿色，托叶披针形，2 片，侧脉对数为 20～21 对；叶芽绿褐色。该无性系生长量大，可用于柳编林和生物能源林生产，是优良的杂交亲本，一般配合力较高。

P294 叶

P294 花序

P294 枝

P294 全株

十七、杞柳 *S. integra*

84 杞柳 P63

　　灌木，雄株，1980 年采自哈尔滨。树皮浅绿色，柳条分枝少，叶对生与近对生并存；叶片长圆形，先端圆形或有短尖，长 16.5～17cm，宽 1.6～2.3cm，长 / 宽为 6.0～7.0。叶缘粗锯齿，叶为中等绿色，背面

P63 叶

被灰白粉，叶柄长 1.2cm，黄绿色，托叶 2 片，侧脉对数为 12～13 对；叶芽绿褐色。该品种为编织柳常用乡土种。

P63 枝叶

P63 花序

P63 全株

十八、银芽柳 *S. leucopithecia*

85 银芽柳 P101

灌木，雄株，1980 年采自南京。嫩枝皮绿色，稍老则为红褐色；叶片阔披针形，叶两面密被绒毛，背面灰白色，长 10.7～11.6cm，宽 2.8～3.3cm，长／宽为 2.9～3.3。叶缘细锯齿，叶为黄绿色，叶柄长1.4cm，红绿色，托叶卵形，2 片，侧脉对数为 9～10 对；叶芽褐色微红。该无性系花芽大，种毛银白，花絮多，用于鲜切花生产和园林绿化，也是常用杂交亲本。

P101 枝叶

P101 叶

P101 花芽

P101 叶基和托叶

86 银芽柳 P102

灌木，雄株，1980 年采自上海。树皮中等绿色，叶片狭长披针形，基部楔形，先端渐尖，叶两面密被短绒毛，长 14.2～15.6cm，宽1.7～1.9cm，长／宽为 7.0～7.8。叶缘细锯齿，叶为中等绿色，叶柄长0.4cm，绿色，侧脉对数为 16～17对；托叶较银芽柳 P101 小，叶芽浅绿色。该无性系花芽大，种毛银白，花絮多，用于鲜切花生产和园林绿化，也是常用杂交亲本。

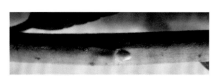

P102 枝

P102 叶

P102 枝叶

P102 全株

P102 果序

87 银芽柳 P103

灌木，雌株，1980 年采自上海。树皮中等绿色；叶片阔披针形，长 9.8～11.0cm，宽 2.5～3.1cm，长 / 宽为 6.0～6.8。叶缘细锯齿，叶为黄绿色，叶柄长 1.5cm，黄绿色，托叶 2 片，心形，侧脉对数为 12～13 对；叶芽浅绿色。其他性状、特性及用途与银芽柳 P102 相似。

P103 叶

P103 枝

P103 全株

P103 枝叶

十九、毛枝柳 *S. dasyclados*

88 毛枝柳 P126

灌木，雌株，1982 年引自中国林科院。干直立，主梢中上部枝黄绿色；主梢花芽黄绿色，枝梢（顶端 10cm）略被毛，枝梢（顶端 10cm）叶芽略被毛；侧枝分枝角中等，侧枝数中等；叶长 12.5～16.4cm，叶宽 0.7～1.2cm，叶长 / 宽为 13.2～19.3，叶互生，最宽处在叶片近中部，基部窄楔形，基部无腺点，叶线形，叶缘细锯齿，叶正面中等绿色，叶上表面被毛少，叶下表面及叶脉被柔毛；叶柄长 1.3cm，叶柄上表面黄绿色；托叶披针形，长 1.0cm，具托叶柄。

P126 枝叶

P126 花

P126 叶形

P126 叶形

P126 全株

二十、北沙柳 *S. psammophila*

89 北沙柳 P485

灌木，雌株，2001年采自甘肃临夏。干直立，主梢中上部枝黄绿色；主梢花芽黄绿色，枝梢（顶端10cm）略被毛，枝梢（顶端10cm）叶芽略被毛；苞片上部红色，柱头红色；侧枝分枝角中等，侧枝少；叶表面平展，叶长7.2～9.4cm，叶宽0.9～1.2cm，叶长/宽为6.9～8.5，叶互生，最宽处在叶片近中部，基部楔形，基部无腺点，叶长披针形，叶先端短尾尖，叶缘细锯齿，叶正面中等绿色，叶上表面被毛少，叶下表面及叶脉被柔毛；叶柄长0.7cm，叶柄上表面黄绿色；托叶披针形，长0.7cm，具托叶柄。

P485 枝叶

P485 叶形

P485 花序

P485 全株

P485 全株

二十一、卷边柳 *S. siuzevii*

90 卷边柳 P286

灌木，雌株，1986年采自黑龙江东京城。干弯曲，主梢中上部枝红褐色，向基部逐渐变浅；主梢花芽红色，枝梢（顶端10cm）密被毛，枝梢（顶端10cm）叶芽密被毛；侧枝分枝角大，侧枝少；叶卷曲，叶长10.7～13.5cm，叶宽0.9～1.0cm，叶长/宽为11.9～13.5，叶互生，最宽处在叶片近中部，基部楔形，基部无腺点，叶长披针形，叶缘波状向内卷曲，无锯齿，叶正面深绿色，叶下表面被柔毛具金属光泽；叶柄长0.3cm，叶柄上表面黄绿色；无托叶。

P286 叶形

P286 叶形

P286 枝叶

二十二、三蕊柳 *S. triandra*

91 三蕊柳 P105

　　灌木，雌株，1980 年采自南京江宁。干弯曲，主梢中上部枝淡红褐色，向基部逐渐变浅；枝梢（顶端 10cm）密被毛，枝梢（顶端 10cm）叶芽密被毛；苞片黑色；侧枝分枝角小，侧枝数中等；叶长 13.6～17.2cm，叶宽 1.6～2.0cm，叶长／宽为 6.8～10.7，叶互生，最宽处在叶片近中部，基部楔形，基部无腺点，叶长披针形，叶缘具稀疏的细锯齿，叶正面中等绿色，叶上表面被毛少，叶下表面及叶脉密被柔毛；叶柄被毛，长 1.3cm，叶柄上表面黄绿色；托叶耳形，长 0.9cm，无托叶柄。

P105 全株

二十三、钻天柳

Chosenia arbutifolia

92 钻天柳 P69

　　乔木，雌株，采自黑龙江。树皮褐绿色，树干通直，分枝较长，分枝角度较小；叶片阔披针形，长 11.8～13.7cm，宽 2.0～2.3cm，长／宽为 6.0～6.6。叶缘细锯齿，叶为暗绿色，叶柄长 0.9cm，黄绿色，托叶 2 片，侧脉对数为 12～13 对；叶芽绿褐色，枝为灰绿色。

　　圆柱形花序，花序长 1.9cm，宽 0.7cm，花梗长 0.3cm，托叶为 3～4 片，柱头 2 裂，子房圆锥形，苞片卵形，嫩黄色，子房柄近无，花柱较短。在江苏南京生长较快，可用于营造用材林，也用于杂交育种。

P105 枝叶

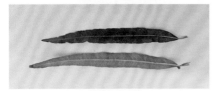

P105 叶形

P105 花序

P69 枝

P69 分枝

P69 枝叶

P69 叶

P69 果序

第六章

中国引种的主要柳树种质资源

一、欧洲红皮柳 *S. purpurea*

1 欧洲红皮柳 P625

灌木，2000年引自英国 Long Aston。树皮褐绿色，叶片披针形，长 5.5~6.3cm，宽 0.7~1.0cm，长/宽为 5.6~6.2。叶缘细锯齿，叶为蓝绿色，叶柄长 0.3cm，红绿色，侧脉对数为 12~13 对；叶芽褐色微红。

P625 叶

P625 枝叶

P625 全株

P625 枝叶

P651 叶

P651 枝

P651 枝叶

2 欧洲红皮柳 P651

灌木，雄株，2000年引自英国 Long Aston 柳树试验站。枝条细长，分枝极少，树皮中等绿色；叶片披针形，基部楔形，长 6.7~7.8cm，宽 1.0~1.2cm，长/宽为 6.0~6.8。叶缘细锯齿，叶为暗绿色，叶柄长 1.5cm，黄绿色，侧脉对数为 16~17 对；叶芽绿褐色。该品种在英、美国家多用于生物能源林生产及育种材料。经在江苏试验，该无性系可用于营造柳编林或在沿海困难地营造生态林，以及用于抗逆性育种亲本。

P651 全株

3 欧洲红皮柳 P652

灌木，雌株，2000 年引自英国
Long Aston 柳树试验站。树皮中等
绿色，叶片披针形，基部楔形，长
9.5～10.3cm，宽 0.9～1.2cm，长／宽
为 8.5～9.5。叶片浅波状疏锯齿，叶
为暗绿色，叶柄长 0.3cm，红绿色，
侧脉对数为 12～13 对；叶芽褐色微
红。该品种在英、美国家多用于生物
能源林生产及育种材料，生长较快，
适应性性状与用途和红皮柳 P651 相
似。

P652 枝叶

P652 枝

P653 叶

P652 叶

P653 枝叶

4 欧洲红皮柳 P653

灌木，雄株，2000 年引自英国
Long Aston 柳树试验站。柳条细长，
柔软，分枝少，树皮红褐色，同株
上可见叶近对生与互生；叶片披针
形，基部钝圆形，长 12.1～13.3cm，
宽 1.7～1.9cm，长／宽为 6.0～6.8。
叶缘细锯齿，叶表面为蓝绿色，叶
柄长 0.7cm，红绿色，侧脉对数为
12～13 对；叶芽褐色。该品种在英、
美国家多用于生物能源林生产及育
种材料；在江苏生长较慢，可用于
营造编织柳条林和困难地生态造林
及景观绿化造林。

P652 全株

P653 枝

P653 全株

5 欧洲红皮柳 P655

灌木，雌株，2000 年引自英国 Long Aston 柳树试验站。柳条细长，柔软，分枝少，树皮浅绿色；叶片披针形，基部楔形至圆形，长 6.3～6.8cm，宽 1.4～1.6cm，长／宽为 5.3～6.0。叶缘细锯齿，叶为蓝绿色，叶柄长 0.2cm，绿色，侧脉对数为 10～11 对；叶芽浅绿红尖。该品种在英、美国家多用于生物能源林生产及育种材料；在江苏沿海表现较好，可用于柳编林生产和景观绿化、生态造林。

P655 枝叶

P655 叶

P655 枝

P657 叶

P657 枝叶

6 欧洲红皮柳 P657

灌木，2000 年引自英国 Long Aston 柳树试验站。树皮褐绿，树干直立；叶片披针形，长 4.5～5.1cm，宽 0.9～1.2cm，长／宽为 4.2～5.2。叶缘粗锯齿，叶色中等绿色，叶柄长 0.2cm，绿色，侧脉对数 11～15 对；叶芽绿褐色，枝条绿色。该品种在英、美国家多用于生物能源林生产及育种材料；在江苏沿海表现较好，可用于景观绿化和生态造林。

P655 全株

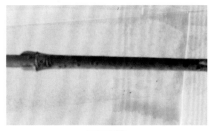

P657 枝

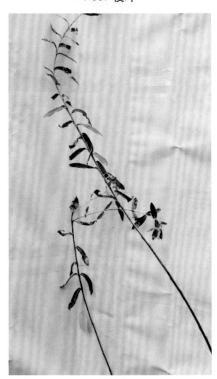

P657 全株

15 欧洲红皮柳 P678

灌木，2000 年引自英国 Long Aston 柳树试验站。树皮浅绿色，同株上可见叶近对生与互生；叶片披针形，长 4.6~5.1cm，宽 0.9~1.1cm，长/宽为 4.3~5.0。叶缘细锯齿，叶为蓝绿色，叶柄长 0.3cm，黄绿色，侧脉对数为 9~10 对；叶芽浅绿偏红。该品种在英、美国家多用于生物能源林生产及育种材料；在江苏沿海表现较好，可用于柳编林生产和景观绿化、生态造林。

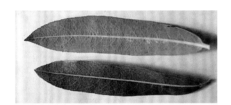

P678 叶

P678 枝

P678 枝叶

P678 全株

16 欧洲红皮柳 P708

灌木，雄株，2002 引自美国纽约州立大学。柳条细长，极少分枝，树皮浅绿色，叶互生；叶片阔披针形，基部宽楔形，长 7.7~8.7cm，宽 1.4~1.7cm，长/宽为 4.2~4.8。叶缘细锯齿，叶为蓝绿色，叶柄长 0.4cm，红绿色，侧脉对数为 10~11 对；叶芽褐色微红。该品种在美国多用于生物能源林生产及育种材料；在江苏沿海表现较好，可用于柳编林生产和景观绿化、生态造林。

P708 叶

P708 枝

P708 枝

P708 全株

二、蒿柳 *S. viminalis*

17 蒿柳 P681

灌木，雄株，2000 年引自英国 Long Aston。树皮中等绿色，叶片披针形，基部楔形，先端尾尖，叶长 12.7～13.5cm，宽 1.8～2.1cm，长／宽为 6.0～6.8，最宽处在中下部。叶缘细锯齿，叶为暗绿色，叶柄长 1.0cm，黄绿色，托叶卵形，2 片，侧脉对数为 19～20 对；叶芽褐色微红。

P681 叶

P683 叶

P683 枝

P681 全株

P683 花序

P681 枝和托叶

P681 花序

18 蒿柳 P683

灌木，雌株，2000 年引自英国 Long Aston 柳树试验站。树皮中等绿色，叶片披针形，长 13.8～15.2cm，宽 1.4～1.7cm，长／宽为 7.8～8.5。叶缘细锯齿，叶为中等绿色，叶柄长 0.7cm，黄绿色，托叶 2 片，耳形，侧脉对数为 12～13 对；叶芽褐色微红。该无性系生长量大，可用于生物能源林生产和生态造林；具有较强的耐寒性和耐旱性，是较好的杂交亲本。

P683 全株

19 蒿柳 P689

灌木，雄株，2000 年引自英国 Long Aston 柳树试验站。树皮中等绿色，叶片长披针形，长 12.1～13.3cm，宽 1.7～1.9cm，长 / 宽为 6.0～6.8。叶缘粗锯齿，叶为浅绿色，叶柄长 0.7cm，黄绿色，托叶卵形，2 片，侧脉对数为 12～13 对；叶芽中等绿色，枝为绿色。在南京生长较好，用于抗逆性高生物量品种的育种材料。

P689 枝叶

20 蒿柳 P696

灌木，雄株，2000 年引自英国 Long Aston 柳树试验站。树皮中等绿色，叶片长披针形，长 12.1～13.3cm，宽 1.7～1.9cm，长 / 宽为 6.0～6.8。叶缘粗锯齿，叶为浅绿色，叶柄长 0.7cm，黄绿色，托叶较大，卵形，2 片，侧脉对数为 12～13 对；叶芽中等绿色，枝为绿色。在南京生长较好，目前用于杂交育种。

P696 枝叶

P689 全株

P696 全株

三、黄花柳 *S. caprea*

21 黄花柳 P585

灌木，雄株，2000 年引自英国 Long Aston。柳条分枝少，褐绿色、红褐色至紫色；叶片卵形，基部圆形，先端急尖，长 6.7~7.3cm，宽 2.6~3.0cm，长/宽为 2.1~2.5。叶缘波状粗锯齿，叶为暗绿色，叶柄长 0.5cm，红绿色，托叶，心形 2 片，侧脉对数为 8~9 对；叶芽浅绿偏红。花芽较大，在枝上分布均匀，可用于切花生产和园林绿化。

P585 全株

P585 枝叶

P585 叶

P585 枝

22 黄花柳 P588

灌木，雌株，2000 年引自英国 Long Aston。树皮灰绿色，叶片倒卵形，长 6.6~7.3cm，宽 2.6~3.3cm，长/宽为 2.4~2.8。叶缘浅波状粗锯齿，叶为暗绿色，叶柄长 0.8cm，红绿色，托叶 2 片，卵形，侧脉对数为 8~9 对；叶芽浅绿偏红。花芽大而饱满，在枝上分布均匀，可用于切花生产和园林绿化。

P588 枝叶

P588 枝

P588 叶

P588 果序

P588 全株

23 黄花柳 P589

灌木，雌株，2000年引自英国 Long Aston。树皮中等绿色，嫩枝被白粉；叶片卵形，基部钝圆形，长 7.1～8.3cm，宽 3.5～3.9cm，长/宽为 1.8～2.2。叶缘具波状粗锯齿，叶为暗绿色，叶柄长 0.6cm，绿色，托叶，卵形 2 片，侧脉对数为 7～8 对；叶芽浅绿偏红。花芽较大，可用于切花生产和园林绿化。

P589 全株

P589 枝叶

P589 叶

P589 枝

24 黄花柳 P594

灌木，雄株，2000年引自英国 Long Aston。树皮红褐色，秋冬季紫色；叶片卵形，基部钝圆，先端急尖，长 7.5～8.3cm，宽 4.6～5.2cm，

P594 枝

P594 叶

长/宽为 1.5～1.8。叶缘波状粗锯齿，叶为浅绿色，正面叶脉凹陷，背面叶脉明显突起，叶柄长 1.0cm，红绿色，托叶卵形，2 片，侧脉对数为 11～12 对；叶芽褐色微红；可用于切花生产和园林绿化。

P594 全株

四、灰柳 *S. cinerea*

25 灰柳 P605

大灌木，雄株，2000 年引自英国 Long Aston。树皮褐绿色，柳条分枝多，较短；叶片微倒卵状披针形，基部楔形，长 5.8～6.5cm，宽 2.1～2.4cm，长／宽为 2.5～3.0。叶缘粗锯齿，叶面暗绿色，叶柄长 0.6cm，黄绿色，托叶卵形，2 片，侧脉对数为 9～10 对，正面叶脉凹陷，背面突起；叶芽绿褐色。可用于困难地生态林造林、园林绿化，是较好的杂交亲本。

P605 全株

P605 叶

P605 枝

P605 枝叶

26 灰柳 P936

大灌木，雌株，2000 年引自英国 Long Aston。树皮中等绿色，柳条分枝多，较短，叶片阔披针形，基部钝圆形，长 8.5～9.3cm，宽 2.7～3.0cm，长／宽为 2.5～3.0。叶缘细锯齿，叶面暗绿色，叶柄长 0.7cm，黄绿色，托叶卵形，2 片，侧脉对数为 12～13 对；叶芽浅绿色。适应性与用途与灰柳 P605 相似。

P936 枝

P936 叶

P936 枝叶

P936 全株

五、毛枝柳 *S. dasyclados*

27 毛枝柳 P601

灌木，雄株，2000 年引自英国 Long Aston。树皮中等绿色，叶片披针形，基部多圆形，少数楔形，先端渐尖，长 11.8~12.5cm，宽 2.4~2.7cm，长 / 宽为 5.3~5.8。叶缘细锯齿，叶为中等绿色，叶柄长 0.7cm，黄绿色，托叶卵形，2 片，叶脉凹陷，正面皱褶状，侧脉对数为 14~15 对；叶芽浅绿色。该无性系生物量较大，适应性较强。

P601 枝

P601 叶

P601 枝叶

P601 全株

六、钻石柳 *S. eriocephala*

28 钻石柳 P715

灌木，雌株，2000 年引自美国纽约州立大学。树皮浅绿色，叶片披针形，叶长 9.5~10.3cm，宽 2.1~2.4cm，长 / 宽为 4.2~4.8。叶缘细锯齿，正面深绿色，浅皱褶，叶柄长 1.2cm，红绿色，叶脉浅红色，托叶 2 片，心形，侧脉对数为 17~18 对；叶芽中等绿色。该无性系适应性较强，叶片密生枝条，生物量及叶片相对生物量较大，可用于能源林和生态林造林。

P715 叶

P715 枝

P715 枝叶

P715 全株

29 钻石柳 P716

灌木，雄株，2000年引自美国纽约州立大学。树皮浅绿色，叶片披针形，基部圆形，叶柄两边不对称，长14.1~15.3cm，宽2.7~3.2cm，长/宽为4.6~5.2。叶缘细锯齿，叶为中等绿色，叶柄长1.6cm，红绿色，中脉略带红色，托叶心形，2片，侧脉对数为18~19对；叶芽浅绿红尖。适应性和用途与钻石柳P715相似。

P716 花序

P717 叶

P716 叶

P716 枝

P716 全株

P717 枝叶

P716 枝叶

30 钻石柳 P717

灌木，雄株，2000年引自美国纽约州立大学。树皮绿色至褐绿色，柳条上叶片着生较密；叶片阔披针形，基部两边不等，长11.1~12.3cm，宽2.5~2.9cm，长/宽为4.2~4.7。叶缘细锯齿，叶为暗绿色，叶柄长1.5cm，红绿色较钻石柳P716深，托叶发达，2片，心形，侧脉对数为16~17对；叶芽浅绿红尖。适应性与用途同钻石柳P716相似。

P717 全株

31 钻石柳 P718

灌木，雌株，2000 年引自美国纽约州立大学。树皮褐绿色；叶片阔披针形，基部心形，长13.6～14.5cm，宽 2.7～3.2cm，长/宽为 4.2～4.8。叶缘粗锯齿，叶为暗绿色，叶柄长 1.8cm，黄绿色，托叶发达，2 片，心形，侧脉对数为17～18 对；叶芽浅绿色。适应性与用途同钻石柳 P716 相似。

P718 枝叶

P718 花

P718 全株

32 钻石柳 P719

灌木，雄株，2000 年引自美国纽约州立大学。树皮褐绿色，柳条分枝极少，叶片密生，在枝条上呈两边排列；叶片阔披针形。基部圆形至截形，长 10.6～11.2cm，宽2.7～3.1cm，长/宽为 2.8～3.3。叶缘粗锯齿，叶为暗绿色，叶柄长1.2cm，棕绿色，托叶发达，心形，2片，侧脉对数为 17～18 对；叶芽浅绿色。适应性与用途同钻石柳 P716相似。

P719 枝叶

P719 叶

P719 枝叶

P719 全株

33 钻石柳 PE48

灌木，雄株，2013 年从美国康奈尔大学引种。梢头黄色，小枝黄色，干灰绿色，直；叶互生，长椭圆形，叶长 10.9～13.5cm，叶宽 2.8～3.8cm，叶长 / 宽为 3.8～4.3，叶片最宽处近中部；叶基圆形，无腺点，叶缘具粗锯齿；叶柄长 1.2～2.3cm，托叶长 0.8～1.0cm，披针形。

PE48 花序

34 钻石柳 PE50

灌木，雌株，2013 年从美国康奈尔大学引种。叶互生，披针形，叶长 9.9～12.1cm，叶宽 2.9～3.7cm，叶长 / 宽为 3.0～3.7，叶片最宽处在中部以下；叶基微心形，无腺点，叶缘波浪形具粗锯齿；叶柄长 1.3～1.7cm，托叶长 0.8～0.9cm，披针形。

PE50 叶形

PE48 叶形

PE50 果序

PE48 全株

PE50 全株

PE50 枝叶

35 钻石柳 PE51

灌木，雌株，2013 年从美国康奈尔大学引种。叶互生，披针形，叶长 8.9～11.3cm，叶宽 2.1～3.2cm，叶长 / 宽为 4.6～5.8，叶片最宽处近中部；叶基楔形，无腺点，叶缘具粗锯齿；叶柄长 1.0～1.6cm，托叶长 0.4～1.0cm，披针形。

PE51 枝芽

PE51 果序

PE51 叶形

PE53 叶形

36 钻石柳 PE53

灌木，雌株，2013 年从美国康奈尔大学引种。梢头暗红色，小枝暗红色，干黄绿色，直；叶互生，披针形，叶长 7.3～9.3cm，叶宽 1.4～1.8cm，叶长 / 宽为 5.8～7.4，叶片最宽处近中部；叶基心形，无腺点，叶缘波浪形具粗锯齿；叶柄长 0.4～1.0cm，托叶披针形。

PE53 枝叶

PE51 全株

PE53 果序

PE53 全株

37 钻石柳 PE54

灌木，雌株，2013年从美国康奈尔大学引种。叶互生，披针形，叶长 8.3～10.7cm，叶宽 1.6～2.2cm，叶长／宽为 4.4～5.6，叶片最宽处近中部；叶基心形，无腺点，叶缘具粗锯齿；叶柄长 0.8～1.2cm，托叶长 0.3～0.4cm，披针形。

PE54 全株

PE54 叶形

PE54 枝芽

PE54 果序

38 钻石柳 PE55

灌木，雌株，2013年从美国康奈尔大学引种。梢头暗红色，小枝暗红色，干黄绿色，直；叶互生，披针形，叶长 8.3～12.1cm，叶宽 2.3～3.4cm，叶长／宽为 3.5～4.2，叶片最宽处近中部；叶基心形，无腺点，叶缘具粗锯齿；叶柄长 0.9～1.5cm，托叶长 0.4～0.9cm，披针形。

PE55 叶形

PE55 果序

PE55 枝芽

PE55 枝叶

PE55 全株

P551 花序

十二、黑柳 *S. nigra*

55 黑柳 P428

乔木，雌株，1998年引自美国纽约锡拉邱兹。树皮赭黄色，叶片披针形，长10.2～12.5cm，宽1.7～2.0cm，长/宽为5.3～5.9。叶缘细锯齿，叶为暗绿色，叶柄长0.5cm，红绿色，托叶2片，侧脉对数为11～12对；叶芽褐色微红，枝为红褐色。在江苏南京表现较差，现用于引种栽培试验和杂交育种研究。

P428 花序

P428 叶

P428 枝

56 黑柳 P468

乔木，雌株，1999年引自美国Hillsboro Ohio。树皮中等绿色，树干通直，树皮灰绿色，小枝浅绿色；叶片披针形，镰刀状弯曲，基部楔形，长12.6～13.8cm，宽2.1～2.5cm，长/宽为5.2～6.6。叶缘细锯齿状，初生叶为暗绿色，叶柄长1cm，黄绿色，托叶，披针形2片，侧脉对数为12～14对；叶芽中等绿色，枝为绿色。在江苏南京表现较好，目前仅用于杂交育种。

P468 枝叶

P468 全株

P428 全株

P468 叶

P468 果序

57 黑柳 P728

乔木，雌株，2002 年引自美国堪萨斯 Marion。树干较直，树皮绿褐色，微浅裂，小枝土黄色；叶片披针形，长 8.3~10.2cm，宽 1.0~1.2cm，长 / 宽为 7.6~8.1。叶缘细锯齿，叶为黄绿色，叶柄长 0.4cm，黄绿色，侧脉对数为 9~10 对；叶芽褐色微红。在南京和北京引种试验表现较好，用于杂交育种。

P728 叶

P728 枝叶

P728 枝

P728 全株

十三、朝鲜柳 *S. koreensis*

58 朝鲜柳 P150

乔木，雌株，1984 年引自意大利杨树研究所。树皮灰黑色，树干通直，幼树皮不裂，皮孔较密；叶片披针形，长 11.7~14.1cm，宽 2.1~2.4cm，长 / 宽为 6.2~6.9。叶缘细锯齿，叶为暗绿色，叶柄长 0.6cm，黄绿色，托叶 2 片，侧脉对数为 11~12 对；叶芽绿褐色，枝为绿色。圆柱形花序，花序长 2.5cm，宽 0.6cm，花梗长 0.3cm，托叶为 1~2 片，柱头 2 裂，子房长圆卵形，苞片长卵形，黄绿色，子房柄近无，花柱较短。在南京和北京表现较好，生长较快，抗逆性较强，可用于园林绿化和用材林生产。

P150 叶

P150 枝

P150 枝叶

P150 分枝

十四、阿根廷柳 *S. argentinensis*

59 阿根廷柳 P154

　　乔木，雌株，1984 年引自意大利杨树研究所。树皮灰绿色，树干通直，小枝淡黄绿色，幼叶被白绢毛；叶片阔披针形，长 13.5～15.3cm，宽 2.7～3.5cm，长／宽为 3.8～4.5。叶缘细锯齿，叶为暗绿色，叶柄长 0.9cm，黄绿色，托叶 2 片，侧脉对数为 12～13 对；叶芽绿褐色。长圆柱形花序，花序长 2.9cm，宽 0.7cm，花梗长 0.3cm，托叶为 1～2 片，柱头 2 裂，子房长圆卵形，苞片卵形，黄绿色，子房柄近无，花柱较短。景观效果较好，可用于园林绿化，是杂交育种常用亲本。

P154 枝

P154 枝叶

P154 叶

P154 全株

十五、垂白柳 *S. babylonica × S. alba*

60 垂白柳 P118

　　乔木，雌株，1972 年引种，原产地为阿根廷。树皮褐绿色，树干较直，分枝角约 80 度，分枝长，柔软，从 1/4 起即下垂；叶片披针形，基部楔形，长 15.7～16.6cm，宽 1.7～1.9cm，长／宽为 8.3～9.7。叶缘细锯齿状，初生叶为暗绿色，叶柄长 1.0cm，黄绿色，托叶 2 片，耳形，侧脉对数为 13～14 对；叶芽中

P118 枝叶

P118 花序

P118 叶

P118 分枝

等绿色，枝为绿色。树体有一定高度，枝条下垂性好，抗逆性较好，是优良的园林景观造林材料，也是优良的杂交亲本。

十六、柳树商业品种

61 'SV1'

Salix × dasyclados 'SV1'

灌木，雄株，毛枝柳自由授粉后代中选育出的高生物量品种，2013 年从美国康奈尔大学引种。梢头红色，小枝红色，干黄绿色，直；叶先放，叶互生，披针形，叶长 9.8~12.7cm，叶宽 2.3~3.3cm，叶长/宽为 3.6~4.6，叶片最宽处近中部；叶基楔形，无腺点，叶缘具粗锯齿；叶柄长 1.1~1.6cm，托叶长 0.7~0.9cm，披针形。

SV1 果序

SV1 叶形

SV1 全株

SV1 枝叶

62 'SX61'

Salix sachalinensis 'SX61'

灌木，龙江柳杂交后代中选育出的高生物量品种，2013 年从美国康奈尔大学引种。叶互生，长椭圆形，叶长 6.2~8.0cm，叶宽 1.4~2.2cm，叶长/宽为 2.8~4.8，叶片最宽处近中部；叶基圆尖，无腺点，叶缘近全缘；叶柄长 0.4~0.6cm，无托叶。

63 'S25'

Salix eriocephala 'S25'

灌木，雄株，钻石柳杂交后代中选育出的高生物量柳树品种，2013年从美国康奈尔大学引种。梢头黄绿色，小枝黄绿色，干灰绿色，直；花药红色；叶互生，长披针形，叶长8.2～9.9cm，叶宽0.7～1.2cm，叶长/宽为6.7～9.7，叶片最宽处近中部；叶基圆尖，无腺点，叶缘具细锯齿；叶柄长0.4～0.6cm，无托叶。

S25 花序

S25 枝叶

S25 叶形

S25 全株

S25 全株

S25 花序

S25 花序

S25 盛花期

64 'SX64'
Salix miyabeana 'SX64'

灌木，雄株，加拿大多伦多大学从宫部氏柳杂交后代中选育出的高生物量柳树品种，2013年从美国康奈尔大学引种。梢头橘红色，小枝黄色，干黄绿色，略弯曲；叶互生，长披针形，叶长 9.5～13.4cm，叶宽 1.2～1.7cm，叶长/宽为 6.8～8.5，叶片最宽处近中部；叶基楔形，无腺点，叶缘具粗锯齿；叶柄长 0.7～1.3cm，无托叶。

SX64 枝叶

SX67 枝叶

65 'SX67'
Salix miyabeana 'SX67'

灌木，雌株，宫部氏柳杂交后代中选育出的高生物量柳树品种，2013年从美国康奈尔大学引种。梢头橘红色，小枝黄色，干黄绿色，略弯曲；叶互生，长披针形，叶长 12.1～13.6cm，叶宽 1.4～1.8cm，叶长/宽为 7.1～8.9，叶片最宽处近中部；叶基圆尖，无腺点，叶缘具粗锯齿；叶柄长 0.9～1.1cm，托叶长 0.6～1.0cm

66 'Fish Creek'
Salix purpurea 'Fish Creek'

灌木，雄株，欧洲红皮柳杂交后代中选育出的高生物量柳树品种，2013年从美国康奈尔大学引种。叶互生，长椭圆形，叶长 8.0～10.2cm，叶宽 1.8～2.3cm，叶长/宽为 3.8～4.5，叶片最宽处近中部；叶基楔形，无腺点，叶缘具稀疏的细锯齿；叶柄长 0.4～0.7cm，无托叶。

SX64 花序

SX64 全株

SX67 全株

67 'Onondaga'
Salix purpurea 'Onondaga'

灌木，雌株，欧洲红皮柳杂交后代中选育出的高生物量柳树品种，2013 年从美国康奈尔大学引种。梢头深黄绿色，小枝黄绿色，干黄色，直；叶先花开放；叶互生，披针形，叶长 9.8～11.5cm，叶宽 1.9～2.8cm，叶长 / 宽为 3.8～5.2，叶片最宽处近中部；叶基圆形，无腺点，叶缘具粗锯齿；叶柄长 1.3～2.1cm，托叶长 0.8～1.3cm，托叶心形。

Onondaga 果序

Onondaga 叶形

Onondaga 枝叶

Onondaga 托叶

Onondaga 花序

Onondaga 全株

68 'Otisco'
Salix viminalis × *S.miyabeana* 'Otisco'

灌木，雌株，蒿柳与宫部氏柳人工杂交后代中选育出的高生物量品种，2013 年从美国康奈尔大学引种。梢头橘黄色，小枝黄色，干黄色，直；苞片粉红色；叶互生，长披针形，叶长 10.9～12.0cm，叶宽 1.7～2.4cm，叶长 / 宽为 6.1～7.1cm，叶片最宽处近中部；叶基楔形，无腺点，叶缘具稀疏的细锯齿；叶柄长 0.8～1.1cm，无托叶。

Otisco 全株

第七章
柳树良种和授权新品种

一、速生乔木柳良种

1 苏柳172
Salix × jiangsuensis 'J172'

垂白柳（*S. babylonica* × *S. alba*）（阿根廷）与漳河旱柳（*S. matsudana* f. *lobatoglandulosa*）（山西黎城）的人工杂种，由江苏省林科院于1987年育成，2010年通过江苏省良种审定。

乔木，雌株。树皮墨绿色，树干通直，冠形为圆柱形，冠幅2.5m，树高可达18.0m；叶片阔披针形，长7.5~10.3cm，宽1.6~2.2cm，长/宽为4.6~5.1。叶缘锯齿状，初生叶为嫩绿色，正面有绒毛，叶柄长1.0cm，灰绿色，托叶3片，半透明，侧脉对数为6~7对；叶芽黄绿色，长0.7cm，枝为土黄色。圆柱形花序，花序长2.2cm，宽0.5cm，花梗长0.2cm，托叶为2~3片，柱头2裂，子房长圆卵形，苞片卵形，有短毛，嫩黄绿色，子房柄近无，花柱较短。

抗旱、抗涝性强，适宜营建纸浆林，其木材具有易打浆、成纸性能好、细浆得率高等优点。

苏柳172叶

苏柳172枝

苏柳172枝叶

2 苏柳194
Salix × jiangsuensis 'J194'

（旱柳×钻天柳）×漳河旱柳[(*S. matsudana* × *Chosenia arbutifolia*) × *S. matsudana* f. *lobatoglandulosa*]的人工杂交种。

乔木，雄株。钻天柳为黑龙江带岭种源，漳河柳为山西黎城种源。于1977年杂交，1979~1981年进行苗期测定，从4个杂交组合、2173株杂种无性系中选择生长优势的21个，于1982—1983年在江苏沭阳和洪泽进行林期测定，1983年在江苏、山东、河南、湖北等9个点进行区域试验。1990年后，在洪泽湖滩地、高邮湖滩地和扬中市长江滩地等地引种造林。

树干直，耐水淹，抗寒性较强。

苏柳194叶

苏柳194枝

苏柳194枝叶

苏柳172分枝

苏柳194分枝

3 苏柳 485
Salix × jiangsuensis 'J485'

母本为旱柳×钻天柳（*S. matsudana* × *Chosenia arbutifolia*）的杂种，父本为旱柳中的漳河柳（*S. matsudana* f. *lobatoglandulosa*）。

乔木，雌株。叶互生，披针形，最宽处在叶中部偏下，叶片基部急尖。成熟叶上表面无毛、无粉，背面被白粉。叶芽绿褐色，叶柄上部呈红绿色。幼树皮灰绿色，分枝较多，角度多数小于 45°。树冠浓密、较窄，树干直，树冠下部小枝略下垂。

1977 年杂交，1991—1992 年对 83 个无性系进行苗期测定和林期试验，选出 12 个无性系，1998—2002 年与其他年份选择的无性系一起，在宿迁、金湖、洪泽等地进行区域性试验，选出苏柳 485 等 3 个无性系，其中苏柳 485 耐水淹能力强于苏柳 172。1998—2007 年间与苏柳 797 及苏柳 932 等 300 多个无性系一起进行生物修复无性系筛选。

树冠较密较窄，树干直，生长快，适宜密植。耐水淹能力和对镉离子的富集能力较强。

苏柳 485 全株

苏柳 485 叶

苏柳 485 树皮

苏柳 485 全株

4 苏柳 795
Salix × jiangsuensis 'J795'

旱柳（*S. matsudana*）（北京）与白柳（*S. alba*）（乌鲁木齐）的人工杂种。

乔木，雌雄同株同花。树皮深墨绿色，树干通直，冠形为圆柱形，冠幅 3m；叶长椭圆形，长 1.5cm，

苏柳 795 枝叶

苏柳 795 叶

苏柳 795 枝

苏柳 795 花

宽 0.4cm，叶全缘，初生叶嫩绿色，后黄绿色，背面有绒毛，叶柄长 0.1mm，淡青绿色，托叶 2 片，半透明，侧脉对数 6～7 对。叶芽嫩绿色，长 0.8cm，花芽青绿色，长 0.6cm，枝黄绿色。圆柱形花序，花序长 2.3cm，宽 0.3cm，花梗长 0.2cm，托叶为 2～3 片，花丝长 0.3cm，雄蕊 2 枚，花药黄色，苞片卵形，乳黄色。

耐水湿，并有较好的抗旱、耐寒性，具有较强的抗弯强度和抗压、抗冲强度，适合做矿柱材。

苏柳 795 全株

苏柳 797 全株

苏柳 797 叶

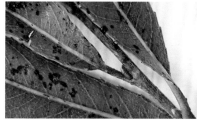

苏柳 797 枝叶

苏柳 797 树皮

5 苏柳 797

Salix × jiangsuensis 'J797'

母本是北京旱柳（*S. matsudana*），父本是白柳（*S. alba*）（新疆）。乔木，雄株。叶互生，叶片较长，披针形，最宽处接近叶中部，叶片基部锐尖。成熟叶表面无毛、无粉，背面被白粉，托叶较短，披针形。幼树及大树皮光滑、橙黄色，分枝较多，分枝角多数小于 45°。树冠较窄，树干直。

苏柳 797 是 1984 年，开展种间和属间杂交组合 74 个，获得 25 个组合，从中优选 432 个原种单株进行苗期测定，得到 8 个初选无性系，1997 年起与其他年份优选的 100 多个无性系一起，在宿迁、金湖、洪泽等地开展区域试验，2003—2007 年间与苏柳 485 及苏柳 932 等 300 多个无性系一起进行生物修复无性系筛选。

对土壤和水中的重金属镉离子吸附能力强。

苏柳 797 大树树形

6 苏柳 799
Salix × jiangsuensis 'J799'

旱柳（*S. matsudana*）（北京）与白柳（*S. alba*）（乌鲁木齐）的人工杂种。乔木，雄株。树皮墨绿色，树干通直，冠形为圆柱形，冠幅 2.5m；叶长椭圆形，长 1.4cm，宽 0.4cm，叶缘有锯齿，初生叶嫩绿色，后黄绿色，背面有绒毛，叶柄长 0.1mm，淡青绿色，托叶 3 片，侧脉对数 6～7 对。叶芽黄绿色，长 0.5cm，花芽嫩绿色，长 1.2cm，枝土黄色。圆柱形花序，花序长 1.5cm，宽 0.4cm，花梗长 0.5cm，托叶为 2～3 片，柱头 2 裂，子房长圆卵形，苞片三角形，黄绿色，子房柄近无，花柱较短。

耐旱、耐涝性强，生长快，单位面积产材量高，适宜营建纸浆林；其木材能生产强韧性包装纸、高档牛皮卡纸，经漂白后可用于部分替代进口纤维木浆配抄高级文化、印刷用纸。

苏柳 799 叶

苏柳 799 枝

苏柳 799 枝叶

苏柳 932 树皮

苏柳 932 枝叶

苏柳 932 叶

7 苏柳 932
Salix × jiangsuensis 'J932'

乔木，雌株。干灰绿色，主干中等弯曲，小枝黄绿色，发芽极早；叶互生，宽披针形，叶片长 14.6～17.8cm，叶宽 1.6～2.1cm，长/宽为 7.68～9.56，最宽处在叶中部以下；叶基部楔形，无腺点，叶缘细锯齿；叶正面暗绿色，叶上表面被毛中等，下表面近无毛，下表面被粉；叶柄长 0.6～1.0cm，上表面黄绿色；无托叶。

苏柳 799 全株

苏柳 932 花序

苏柳 932 全株

8 青竹柳
Salix matsudana × S. babylonica 'Qingzhu'

旱柳（*S. matsudana*）与垂柳（*S. babylonica*）的人工杂交种，由江苏省林科院育成。1992年2月21日引入黑龙江省森林与环境科学研究院（原黑龙江省防护林研究所），经过20年多地点苗期观测、品种评比、区域化试验及示范，进行了生长特性、适应性、抗逆性、抗病虫性、材性、栽培技术等多项指标的研究，选育出适合高纬度高寒地区生长的优良柳树无性系。2012年通过黑龙江省良种审定，审定编号为黑S-SC-SMB-037-2012。

乔木，雄株。树干通直，树皮暗灰褐色，干基不规则浅裂，窄冠，树冠长椭圆形，冠幅2.57 m；叶披针形，叶长4.5～15.0 cm，宽0.6～1.9 cm，长/宽为7.1～11.3。叶缘锯齿状，初生叶为嫩绿色，叶柄长0.3～0.8 cm，灰绿色，托叶2片，披针形，侧脉对数8～10对；叶芽黄绿色，枝为土黄色。圆柱形花序，黄绿色，花序长1.7～2.7 cm，宽0.5 cm，花梗长0.1～0.2 cm，托叶2～3片，雄蕊2个，花丝分离，少数基部合生，基部有长毛，花药卵形，黄绿色，花粉嫩黄色；苞片盾形，顶端渐尖或尾尖，黄绿色，密生比苞片长的柔毛，背腹各有一腺体。

可用作多林种造林，如纸浆等工业用材林、农田防护林、水土保持林、护堤护岸林等，因其树干通直饱满、树冠窄、不飞絮等优良特性，是城乡、四旁绿化的好树种。

青竹柳叶（上为长枝叶，下为短枝叶）

青竹柳树干、树皮

青竹柳花枝

青竹柳大苗

青竹柳大树

青竹柳枝叶

9 垂爆 109 柳
Salix babylonica × S.fragilis '109'

垂爆 109 柳叶

垂柳（*Salix babylonica*）与爆竹柳（*S. fragilis*）的人工杂交种，由江苏省林科院育成。1984年引入黑龙江省森林与环境科学研究院（原黑龙江省防护林研究所），经14年的测试研究，证明该品种适应干旱、半干旱和寒冷的气候条件且生长良好。1995年通过品种鉴定，1996年获得黑龙江省科技进步三等奖。

乔木，雄株。树干通直，树皮浅褐色，干基不规则浅裂，树冠阔卵形，冠幅3.75m，小枝下垂。叶披针形，叶长7.0~12.7 cm，叶宽1.1~1.8 cm，长/宽为3.9~8.6。叶缘锯齿状，初生叶为嫩绿色，叶柄长0.9~1.4 cm，灰绿色，托叶2片，耳形，侧脉对数9~11对；叶芽绿褐色，枝为灰褐色。圆柱形花序，黄绿色，雄花序长2.8 cm，雄蕊2个，花丝分离。一年生扦插苗，叶片长10.8~18.9cm，宽1.4~2.7 cm，叶基2腺点，苗径夏季灰褐色，冬季紫红色。

速生、耐寒、抗旱、抗病虫、耐盐、材质优良、树姿优美。

垂爆 109 柳花枝

垂爆 109 柳干、树皮

垂爆 109 柳枝叶

垂爆 109 柳树冠、小枝下垂

垂爆 109 柳全株

10 旱布 329 柳
Salix matsudana × S. bulkingensis `329`

旱柳（*S. matsudana*）和布尔津柳（*S. bulkingensis*）的人工杂交种，由江苏省林科院育成，在南京地区生长不良。1984年引入黑龙江省森林与环境科学研究院（原黑龙江省防护林研究所），经10多年的测试研究，证明该品种适应干旱、半干旱和寒冷的气候条件且生长良好。1995年通过省级技术鉴定，1996年获得黑龙江省科技进步三等奖。

雄株，乔木。树干通直，树皮灰褐色，规则纵裂；树冠长卵形，冠幅2.9m，分枝稀疏；叶披针形，长6.6~9.6 cm，宽0.8~1.9 cm，长/宽为3.9~9.6。叶缘锯齿状，浅绿色，初生叶为红绿色，叶柄长0.4~0.7 cm，红绿色，叶有白色绢毛，托叶2片，披针形，侧脉对数5~9对；叶芽浅绿色，枝为灰绿色。雄花序长1.8~2.8 cm，雄蕊2个，花丝分离。

速生、耐寒、抗旱、抗病虫、耐盐、材质优良。尤其对河谷、低湿地等废弃地利用及流域治理具有广阔应用前景。

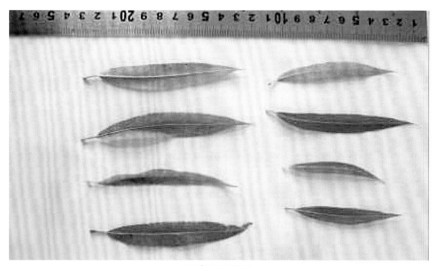

旱布 329 柳叶

旱布 329 柳大树

旱布 329 柳全株

旱布 329 柳干、树皮

旱布 329 柳枝叶

旱布 329 柳

11 渤海柳 1 号
Salix matsudana 'Bohai 1'

2002 年在山东省东营市黄河入海口自然生长的旱柳中选出的优株，2012 年滨州市一逸林业有限公司与山东省林业科学研究院合作选育而出，2013 年 3 月国家林业局植物新品种保护办公室组织认定为柳树品种。

落叶乔木，雌株。主干通直，顶端优势极强，嫩尖肉红色，生长期内干皮黄绿色。侧枝分布均匀，粗细均匀，分枝角度中等，平均值为 50°。叶片长披针形，平均长 16.0cm，宽 2.2 cm，叶柄长 1.4 cm，叶缘细锯齿状。枝条在立秋后逐步变色，颜色随着天气变冷加深，由褐红色到落叶时变成紫色，顶端色泽尤重。在山东滨州地区（2011 年）3 月上旬芽膨大，3 月 22 日萌芽，3 月 28 日至 4 月 6 日展叶，11 月 8 日叶色始变，12 月 8 日落叶末期。

根系发达，抗风，抗雪压。适应范围广，可适宜多种不同类型的土壤，在含盐量为 0.3%～0.4% 的环渤海盐碱地上生长良好。在土壤含盐量 0.3%～0.4% 的砂质土壤上育苗，当年扦插苗胸径达到 4.0～6.0cm，高度 4～6m，扦插后生长两年胸径可达 8～10cm，高 8.0～10.0m。

渤海柳 1 号叶

渤海柳 1 号枝叶

渤海柳 1 号全株

渤海柳 1 号枝

23 苏柳 1701
Salix × jiangsuensis '1701'

品种权号：20180096

江苏省林业科学研究院利用二色柳（*S. alberti*）和棉花柳（*S. leocopithecia*）种间人工杂交方法选育的高生物量柳树新品种。灌木，雌株，生物量大，干微弯曲，主梢中上部枝深紫红色；叶长 11.9～15.3cm，叶宽 0.9-1.3cm，叶长/宽为 10.7～14.0，叶互生，最宽处在叶片近中部，基部楔形，无腺点，叶长披针形，叶缘细锯齿，叶正面中等绿色；叶柄长 0.8～1.0cm，叶柄上表面黄绿色；托叶耳形，长 0.5～0.6cm。与母本相比主要特异性表现在：①叶片宽度中等，母本较窄；②叶柄上表面黄绿色，母本为红色；③托叶为耳形，母本为披针形。

苏柳 1701 托叶

苏柳 1701 枝叶

苏柳 1701 花序

苏柳 1701 全株

24 苏柳 1702
Salix × jiangsuensis '1702'

品种权号：20180097

江苏省林业科学研究院利用二色柳（*S. alberti*）和棉花柳（*S. leocopithecia*）种间人工杂交方法选育的高生物量柳树新品种。灌木，雌株，发芽时间早；干弯曲，主梢中上部枝红褐色，向基部逐渐变浅；主梢花芽红色，枝梢（顶端10cm）略被毛，枝梢（顶端10cm）叶芽被毛；侧枝分枝角大，侧枝少；叶长 10.9～14.1cm，叶宽 1.4～1.8cm，叶长/宽为 7.4～10.1，叶互生，最宽处在叶片近中部，基部楔形，基部无腺点，叶长披针形，叶缘细锯齿，叶正面中等绿色，叶上表面被毛少，叶下表面及叶脉被柔毛；叶柄长 1.4～1.9cm，叶柄上表面黄绿色；托叶耳形，长 0.8～1.1cm。与母本相比主要特异性表现在：①叶片宽度：中等，母本叶片窄；②叶柄长度：较长，母本短；③叶柄上表面颜色黄绿色，母本为红色。

苏柳 1702 花序

苏柳 1702 托叶

苏柳 1702 全株

25 苏柳 1703

Salix × jiangsuensis '1703'

品种权号：20180098

母本是江苏种源簸箕柳（*S. suchowensis*），父本为日本种源银柳（*S. argyracea*）。灌木，雌株。叶互生，叶片长 17.6 cm，宽 3.7 cm，长披针形，绿色，最宽处在叶中部偏下，叶片基部锐尖。成熟叶上表面无毛、无粉，背面被白粉；托叶较长，披针形；叶柄黄绿色。柳条皮绿色、粗壮，分枝少。

于 1989 年杂交，2002 年起，与簸杞柳 JW8-26 等 40 多个优选无性系一起在南京、宿迁、金湖和洪泽等地开展高生物量无性系筛选；2007—2009 年在高邮和大丰等地进行高生物量及耐盐品种筛选试验。2009 年选出苏柳 1703。较耐盐和耐淹。

苏柳 1703 叶

苏柳 1703 果序枝叶

苏柳 1703 全株

苏柳 1703 枝叶

苏柳 1703 枝

苏柳 1703 全株

26 苏柳 1704

Salix × jiangsuensis '1704'

品种权号：20180099

江苏省林业科学研究院利用二色柳（*S. alberti*）与毛枝柳（*S. dasyclados*）种间人工杂交方法选育的高生物量柳树新品种。灌木，雌株，发芽时间早；干梢弯曲，紫红色，直到基部逐渐变为浅紫红色；侧枝分枝角度小，分枝多；主梢中上部枝红褐色，枝梢（顶端 10cm）很少被毛，枝梢（顶端 10cm）叶芽被毛很少，枝梢（顶端 10cm）叶芽褐色微红；叶长 7.8~11.3cm，叶宽 0.9~1.3cm，叶长/宽为 6.0~10.8，叶互生，最宽处在叶片近中部，基部楔形，基部无腺点，叶长披针形，叶缘具很稀疏的细锯齿，叶正面中等绿色，叶上表面被毛少，叶下表面及叶脉被柔毛；叶柄长

苏柳 1705 托叶

苏柳 1705 叶形

0.8～1.6cm，叶柄上表面肉色；托叶披针形，长1.0～1.8cm。与母本相比主要特异性表现在：① 枝条阳面红褐色，母本为黄绿色；② 叶缘锯齿稀，母本叶缘锯齿密；③ 叶柄上表面红绿色，母本深红色。

苏柳 1704 叶形

苏柳 1704 花序

苏柳 1704 全株

27 苏柳 1705

Salix × jiangsuensis '1705'

品种权号：20180100

江苏省林业科学研究院利用簸箕柳（*S. suchowensis*）与杞柳（*S. integra*）种间人工杂交方法选育的高生物量柳树新品种。灌木，雄株，雄花苞片黑色，密被长柔毛；干直立，干中上部黄绿色；侧枝分枝角小，侧枝分层明显；主梢中上部枝黄绿色，主梢花芽棕红色，枝梢（顶端10cm）被毛，枝梢（顶端10cm）叶芽被毛，枝梢（顶端10cm）叶芽绿色；叶长14.3～17.5cm，叶宽1.4～2.2cm，叶长/宽为7.8～10.2，叶互生，最宽处在叶片近中部，基部楔形，叶基无腺点，叶长披针形，叶缘细锯齿，叶正面中等绿色，叶上表面被毛少，叶下表面被毛少，被粉；叶柄长1.6～2.0cm，叶柄上表面淡红色；托叶披针型，有锯齿，长2.7～3.0cm。与母本相比主要特异性表现在：① 性别雄，母本为雌；② 叶柄上表面淡红色，母本为黄绿色；③ 花芽黄绿色，母本为红色。

苏柳 1705 花序

苏柳 1705 全株

28 沙柳 '旱沙王'

Salix psammophila 'Han shawang'

亲本为内蒙古林业科学研究院西北沙柳。灌木或小乔木；树皮灰白色，不裂；小枝暗黄色，有光泽，细长，无毛；芽矩圆形，红黄色，无毛，有光泽。叶条形或条状披针形，长 2.0～8.0cm，宽 3.0～6.0mm，边缘反卷，有粗齿，上面淡绿色，下面微苍白，托叶条形，长 3.0～5.0mm，边缘有腺齿。花先叶开放，花序长 1.0～2.0cm，无总梗；苞叶倒卵形，背部黑色，被灰色长绒毛；腺体 1，腹生；雄蕊 2，离生，花丝无毛；子房微有疏毛，但很快脱落，花柱和柱头明显。果无毛，淡褐色，花期 4 月，果 5 月成熟。

抗旱、耐涝、抗病虫，适应性强，生长良好，具有很好的防风固沙能力。

自然生长条件下表现为乔木，4 年生树高为 7.5m，地径为 6.5cm，枝条数为 110 条。3 月底萌芽，4 月中旬开花，花期 20 天左右，种子 5 月中旬成熟，11 月上旬落叶。全年以 6～7 月份生长最快。整个物候期比西北地区延迟 2 周左右。根系发达，生长迅速，萌芽力强，喜光。耐寒、耐热，在冬季气温 -30℃ 和夏季地表温度高达 60℃ 的沙地均可生长。其生长期一般可达 20 年之久，需要每隔 3～4 年平茬一次，平茬后沙柳萌蘖更新单株生长范围会比平茬前增加 8 倍，防风固沙能力提高 10 倍。瘠薄干旱条件下如不及时平茬复壮，沙柳会逐渐萎缩，以至死亡。

'旱沙王'沙柳叶

'旱沙王'沙柳全株

'旱沙王'沙柳枝

'旱沙王'沙柳枝叶

29 杞柳 '丽白'
Salix integra 'Libai'

山东省莒南县林业局选育的杞柳良种，2009 年 2 月通过山东省林木品种审定委员会审定（良种编号：鲁 S-SV-SI-007-2008），2010 年 12 月通过国家林业局林木品种审定委员会审定（良种编号：国 S-SV-SI-002-2010）。

灌木，雌株，植株生长健壮，生长量明显超过其他杞柳品系。夏条生长旺盛，到 7 月下旬收获季节不分杈，省去了农民种植杞柳传统的田间抹杈工序，降低了劳动强度；夏条基部稍有弯曲，枝条均匀、尖削度小，去皮干条洁白无瑕、无刺、无疤痕，表面有丝状光泽，白条水泡后质地柔软，弯曲不起刺、光洁度好，为加工出口柳编工艺品的上好原料；枝条节间较长，平均 2.1cm，叶片中等大小、较宽，叶尖较钝，平均叶长 13.5cm，叶宽 1.2cm。秋后收获芽柳（种条）中下部翠绿色，梢部红色，梢部有轻微弯曲现象；叶柄较粗、长 0.4cm，红色，托叶细长；芽体较大、稍尖、红色、贴芽，秋条梢端花芽较少。该品种经济栽培寿命 5～10 年。

在山东杞柳产区，3 月上旬萌芽，3 月中旬展叶，3 月下旬新梢开始生长；秋条 8 月下旬 9 月上旬开始生长，10 月中下旬停止生长，11 月中旬落叶。

适应性强，抗旱、耐涝、抗高温。夏季干旱季节，'红头'等品系中午易发生新梢萎蔫现象，'丽白'新梢很少发生。该品种适合有水浇条件的河滩地，特别适合一年收获两季的杞柳产区。

丽白叶

丽白全株

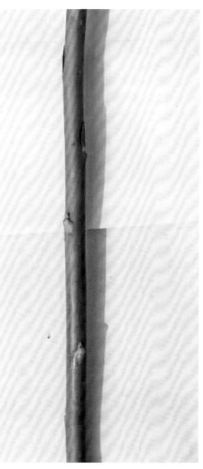

丽白枝

丽白枝叶

30 杞柳 '红头'

Salix integra 'Hongtou'

鲁南杞柳产区地方品系，灌木，雌株。夏条生长较旺，到6月中、下旬新梢开始分权，此时植株1.5m以上，天气开始炎热，种植者需多次田间抹权，劳动艰辛，遇有风天气、柳条摇摆极易出现"晕柳条"现象；夏条较均匀、尖削度较小，去皮干条较白、无刺，中上部有抹权留下的疤痕，白条水泡后质地柔软，弯曲不起刺、光洁度较好，为加工出口柳编工艺品的原料；枝条节间平均1.8cm，叶片窄长，先端较尖，平均长度17.0cm、宽度1.0cm。秋条（芽柳）长势较弱，新梢顶部幼叶淡红色，田间极易区分；叶柄细短0.3cm、黄色，托叶较阔而大，芽体较小、黄色、贴芽；芽柳通体黄色，梢端花芽较多。经济栽培寿命5～10年。

在山东杞柳产区，3月上旬萌芽，3月中旬展叶，3月下旬新梢开始生长；秋条8月下旬9月上旬开始生长，10月中下旬停止生长，11月中旬落叶。

适应性较强。夏季干旱季节，中午易发生新梢萎蔫现象，根据情况及时浇水。该品种适合河岸有水浇条件的土壤，适合一年收获两季的杞柳栽培产区。

'红头' 叶

'红头' 枝

'红头' 枝叶

'红头' 全株

31 杞柳 '紫皮'

Salix integra 'Zipi'

鲁南杞柳产区地方品系，灌木，雌株。夏条生长较旺，到6月下旬新梢开始分权，但分权明显少于'红头'；夏条较均匀、尖削度较小，去皮干条较白、无刺、中上部有抹权留下的疤痕，白条水泡后质地柔软，弯曲不起刺、光洁度较好，为加工柳编工艺品的原料；枝条节间平均长1.7cm，叶片较小，叶尖较钝，平均长度10.1cm、宽度0.9cm。秋条（芽柳）长势较细弱，枝条外皮紫红色，田间极易区分；叶柄细短，为0.3cm，托叶细小；芽体较短，紫红色；芽柳皮色紫红，梢端花芽较多。经济栽培寿命5～10年。

在山东杞柳产区物候较。'丽白'、'红头'稍晚2天左右，3月上旬萌芽，3月中旬展叶，3月下旬新梢开始生长；秋条8月下旬9月上旬开始生长，10月中、下旬停止生长，11月中旬落叶。

适应性较强。夏季干旱季节，中午易发生新梢萎蔫现象，应根据情况及时浇水。该品种适合河岸有水浇条件的土壤，适合一年收获两季的杞柳栽培产区。

'紫皮'叶

'紫皮'枝

'紫皮'全株

'紫皮'枝叶

32 瑞能C
Ruineng C

灌木或小乔木，高达4m。2年生以上主干灰色，1年生枝条直立生长，株型紧凑。枝条下部呈黄绿色，上部枝条棕红色或棕褐色，被有饱满而大的芽，呈紫红色或带有绿色，芽长0.4~1.0mm，宽2~3mm；叶互生，披针形，长13.0~16.0cm，宽1.7~2.2cm；先端渐尖，基部楔形，叶子全缘，叶面暗绿色，背面密生白色柔毛，浅绿色，叶缘略有锯齿；侧脉稍突起，有9~15对；叶柄黄绿色，长0.4~0.6cm；花为柔荑花序，雄花序长2.0~3.5cm，展开粗1.4~1.7cm，先叶开放，花药金黄色，花期3月中旬至4月下旬。

33 瑞能D
Ruineng D

灌木或小乔木，高达4.5m，主干灰绿色，具皮孔，呈棕红色，分枝少；1年生枝条黄绿色；叶互生，披针形，长10.5~15.8cm，宽1.4~2.5cm；先端渐尖，基部楔形，叶子全缘或略有波浪状锯齿。叶面暗绿色，背面密生白色柔毛，浅绿色，侧脉稍突起，有10~13对；叶柄黄绿色，长0.4~1.0cm。3年生以上开始出现零星花序，花为柔荑花序，雄花序长1.0~2.0cm，展开粗1.0cm，先叶开放，花药金黄色，花期3月中旬至4月下旬。

34 瑞能E
Ruineng E

灌木或小乔木，高达5m。株型紧凑，枝条下部呈黄绿色，上部紫红色，表皮被短的白色微绒毛，梢部芽大而饱满，个别在9月下旬开始萌动；叶互生，披针形，长9.8~13.5cm，宽1.4~2.0cm；先端渐尖，基部楔形，叶子全缘，叶面暗绿色，背面密生白色短柔毛，浅绿色，侧脉稍突起；叶柄黄绿色，长0.5~0.8cm；花为柔荑花序，雄花序长1.3~3.0cm，展开粗1.8~2.0cm，先叶开放，花药金黄色，花期3月中旬至4月中旬。

35 瑞能4
Ruineng 4

灌木，高达3m，枝条斜生伸展，树形美观。2年生以上主枝灰绿色，1年生枝条均呈紫红色，下部表皮有条形细白纹，枝条被微绒毛；芽卵圆形，紫红色且大，被长柔毛，长1.2~1.7cm，宽0.6~0.7cm；托叶对生，耳形，长0.7~1.2cm；叶互生，卵形或矩形，长10.5~12.5cm，宽3.8~4.1cm，先端渐尖，基部宽楔形或圆形。半革质，叶缘有疏锯齿，叶面深绿色与淡黄色相间分布，背面有细柔毛，浅绿色，侧脉明显突起，有6~8对；叶柄紫红色，有白柔毛，叶柄长0.9~1.5cm；雄花序长1.8~7.5cm，粗0.9cm，花序先于叶开放，花药棕黄色。花期为3月上旬至4月下旬。

36 瑞能G
Ruineng G

灌木或小乔木，高达4m。主干灰绿色或深绿色，黄绿色或黄褐色，具皮孔，呈枣红色。叶互生，长8.5~15cm，宽2.8~3.7cm，半革质，基部椭圆形或宽楔形，叶尖渐尖，叶缘有粗锯齿，正面深绿色，背面有短柔毛，淡绿色。叶柄枣红色，与叶脉同色。托叶耳形，对生，长0.3~0.5cm，宽0.4~0.5cm，多分布于枝条顶端。

37 瑞能I
Ruineng I

小乔木，高达4.5m。主干灰色，有细条纹，具有皮孔，枣红色。主干上分枝多，小枝呈枣红色或棕红色。叶互生，披针形，半革质，叶长11.0~14.2cm，宽2.5~4.1cm，叶基部宽楔形，叶尖渐尖，叶缘光滑或有浅的粗锯齿，正面绿色，背面淡绿色，有短柔毛。叶脉有8~13对，叶柄长0.5~1.2cm，叶脉与叶柄同为枣红色或黄绿色，少托叶。

三、观赏柳树良种

38 金丝垂柳 J1010
Salix × aureo-pendula 'J1010'

垂柳（*S. babylonica*）（南京种源）与黄枝白柳（*S. alba f. vitellina*）（新疆种源）的人工杂种。雄株，乔木。树皮嫩黄色，树干通直，冠形为圆柱形，冠幅 2.5m；叶卵圆形，长 1.0cm，宽 0.5cm，叶全缘，初生叶暗绿色，略显红色，后黄绿色，背面有绒毛，叶柄长 0.1mm，淡青绿色，托叶 2 片，半透明，侧脉对数 6～7 对。叶芽暗绿色，长 0.7cm，花芽嫩绿色，长 1.0cm，枝橘黄色。长圆柱形花序，花序长 3.2cm，宽 0.5cm，花梗长 0.3cm，托叶为 4～5 片，花丝长 0.4cm，雄蕊 2 枚，花药黄色，苞片卵形，乳黄色。

耐水淹，较抗寒，生长速度快，枝条修长下垂，枝色黄色或红色，极具观赏价值。

金丝垂柳 J1010 叶

金丝垂柳 J1010 枝

金丝垂柳 J1010 枝叶

金丝垂柳 J1011 叶

金丝垂柳 J1011 枝

金丝垂柳 J1011 枝叶

39 金丝垂柳 J1011
Salix × aureo-pendula 'J1011'

垂柳（*S. babylonica*）（南京种源）与黄枝白柳（*S. alba f. vitellina*）（新疆种源）的人工杂种。乔木，雄株。树皮浅黄色，树干通直，冠形为圆柱形，冠幅 2.5m；叶卵形，长 1.3cm，宽 0.4cm，叶全缘，初生叶黄绿色，后黄绿色，背面有绒毛，叶柄长 0.1mm，淡青绿色，托叶 2 片，半透明，侧脉对数 5～6 对。叶芽暗绿色，长 1.0cm，花芽黄绿色，长 1.2cm，枝橘黄色。长圆柱形花序，花序长 3.5cm，宽 0.5cm，花梗长 0.4cm，托叶为 4～5 片，花丝长 0.5cm，雄蕊 2 枚，花药黄色，苞片卵形，乳黄色。

耐水淹，较抗寒，生长速度快，枝条修长下垂，枝色为金黄色，极具观赏价值。

金丝垂柳 J1010 全株

金丝垂柳 J1011 全株

40 银芽柳 J887

Salix turanica × S. leucopithecia `J887`

吐兰柳（新疆）×银柳（南京）得到的杂种无性系。灌木，雌株。花芽较大，花芽长 1.0~1.3cm，花芽宽 0.4~0.6cm，接近银芽柳 P101

的花芽。花芽间距为 2.0~2.5cm。花苞片上部边缘黑色，中部红色，长 2.3mm，宽 1.3mm，花苞全长 2.0mm。枝条褐色，无毛。叶长卵形，叶长 11.8cm，叶宽 3.6cm。

主要用于园林绿化，具有优良观赏性。

银芽柳 J887 枝叶

银芽柳 J887 全株

银芽柳 J887 枝叶

41 银芽柳 J1037

Salix dasyclados × (*Salix turanica × S. leucopithecia*) `J1037`

毛枝柳（黑龙江东京城）×[吐兰柳（新疆）×银柳（南京）]杂种无性系。灌木，雄株。发枝力强，每兜平均发枝数 5.0 个，花枝平均长 64.7cm，1 级花枝平均长 20.1cm。花芽长×宽为(0.9~1.1)cm×(0.3~0.4)cm，花芽间距 2.0~3.0cm。花苞片上部红色。叶阔披针形，叶长 10.6cm，叶宽 2.4cm。枝条灰绿色。

主要用于园林绿化，具有优良观赏性。

银芽柳 J1037 枝叶

银芽柳 J1037 花序

银芽柳 J1037 全株

42 银芽柳 J1050
Salix suchowensis × S. leucopithecia `J1050`

簸箕柳（江苏如皋）× 棉花柳（日多森林所）杂种无性系。灌木，雄株。单体雄蕊，花丝无毛，苞片黑色，苞片长毛，长2.2mm，花芽长为0.9～1.0cm，宽为0.3～0.4cm，花芽间距1.5～2cm。叶披针形，叶长15.5cm，叶宽1.5cm。生长势旺，花枝平均长78～90cm。

主要用于园林绿化，具有优良观赏性。

银芽柳 J1050 全株

银芽柳 J1050 叶

银芽柳 J1050 枝

银芽柳 J1050 枝叶

43 银芽柳 J1052
Salix suchowensis × S. leucopithecia `J1052`

簸箕柳（山东临沭）× 棉花柳（上海）杂种无性系。灌木，雄株。花芽较大，长0.9～1.1cm，宽0.3～0.4cm，花芽较密集，花芽间距1.5cm。发枝力强，每兜平均发枝数4。花枝粗壮，花苞片上部红色。叶披针形，叶长15.7cm，叶宽1.4cm，枝条深褐色，无毛。

主要用于园林绿化，具有优良观赏性。

银芽柳 J1052 枝叶

银芽柳 J1052 花序

银芽柳 J1052 叶

银芽柳 J1052 枝

银芽柳 J1052 全株

银芽柳 J1052 全株

44 银芽柳 J1055
Salix babylonica × S. leucopithecia) ×
(S. suchowensis × S. leucopithecia) `J1055`

　　[吐兰柳（新疆）×银柳（南京）]×[簸箕柳（江苏如皋）×银柳（日多森林所）]复合杂种无性系。灌木，雄株。花芽较大，长×宽为1.0cm×0.4cm，花芽间距2.0～3.0cm。花苞片黑色，枝浅褐色无毛。叶阔披针形，叶长9.8cm，宽2.8cm。发枝力强，每兜平均发枝数5。

　　主要用于园林绿化，具有优良观赏性。

银芽柳 J1055 叶

银芽柳 J1055 枝

银芽柳 J1055 枝叶

银芽柳 J1055 全株

45 苏柳'喜洋洋'
Salix caprea 'Xiyangyang'

　　品种权号：20180067
　　江苏省林业科学研究院利用黄花柳（*S. caprea*）种内人工杂交方法选育的观赏柳树新品种。灌木，雄株，发芽时间早；干直立，主梢中上部枝红褐色，主梢花芽黄绿色，着生花芽较密，枝梢（顶端10cm）被毛多，枝梢（顶端10cm）叶芽密被毛，枝梢（顶端10cm）叶芽红色；叶长10.6～14.3cm，叶宽2.9～3.7cm，叶长/宽为3.2～4.1，叶互生，最宽处在叶片中部以上，基部楔形，基部有腺点，叶阔披针形，叶缘深锯齿，叶正面暗绿，叶上表面被毛，叶下表面及叶脉密被柔毛；叶柄长1.1～1.4cm，叶柄上表面淡绿色；无托叶。与亲本相比主要特异性表现为：①枝梢被毛少于亲本；②叶宽披针形，亲本椭圆形和近圆形；③叶基楔形，亲本近心形④花芽黄绿色，亲本紫红色。

'喜洋洋'花序

'喜洋洋'花序

'喜洋洋'全株

46 苏柳'迎春'

Salix alberti × *S. viminalis* 'Yingchun'

品种权号：20180066

江苏省林业科学研究院利用二色柳（*S. alberti*）与蒿柳（*S. viminalis*）种间人工杂交方法选育的观赏柳树新品种。灌木，雄株，发芽时间早；干直立，主梢中上部枝紫红色，主梢花芽红色，着生花芽密集；叶互生，叶披针形，叶长10.8～14.6cm，叶宽1.4～1.6cm，叶长/宽为6.8～9.1，最宽处在叶中部以下，基部楔形，基部无腺点，叶缘锯齿细密；叶柄长0.8～1.1cm，叶柄上表面红绿色，托叶披针形，托叶长0.6～1.2cm。由于父本P704死亡，故用母本P294做对照，与母本相比主要特异性表现为：① 性别为雄株，母本雌株；② 枝条紫红色，母本为黄绿色；③ 花芽大，且密集，母本暗红色，稀疏。

'迎春'花序

'迎春'花芽

'迎春'全株

47 苏柳'雪绒花'

Salix alberti × *S. coprea* 'Xueronghua'

品种权号：20180068

江苏省林业科学研究院利用二色柳（*S. alberti*）与黄花柳（*S. caprea*）种间人工杂交方法选育的观赏柳树新品种。灌木，雄株，发芽时间早；干直立，主梢中上部枝红色，主梢花芽红色，花芽密，枝梢（顶端10cm）被毛，枝梢（顶端10cm）叶芽被毛，枝梢（顶端10cm）叶芽红色；叶长11.1～13.4cm，叶宽3.3～3.5cm，叶长/宽为3.4～4.0，互生，最宽处位置在叶近中部，基部楔形，基部无腺点，叶长卵形，叶缘中等锯齿，叶正面暗绿色，叶上、下表面均被毛多；叶柄长0.7～1.0cm，叶柄上表面颜色黄绿色；无托叶。与亲本相比主要特异性表现为：① 叶形长卵形，母本为长披针形，父本为近圆形；② 叶基部楔形，母本为窄楔形，父本为近心形；③ 叶长介于父母本之间；④ 叶宽介于父母本之间。

'雪绒花'花序

'雪绒花'枝叶

'雪绒花'全株

48 苏柳'瑞雪'
Salix alberti × S. eriocephala 'Ruixue'

品种权号：20180069

江苏省林业科学研究院利用二色柳（*S. alberti*）与钻石柳（*S. eriocephala*）种间人工杂交方法选育的观赏柳树新品种。灌木，雄株，发芽时间早，干直立，主梢中上部枝红色，主梢花芽红色，花芽密集；叶长 11.8~15.9cm，叶宽 1.2~1.6cm，叶长/宽为 8.4~12.3，互生，最宽处在叶片上部近中部，基部楔形（不对称），基部有腺点，叶长披针形，叶缘细锯齿；叶柄长 0.7~1.0cm，叶柄上表面红绿色；托叶披针形，托叶长 0.5~1.5cm。与亲本相比主要特异性表现为：①性别为雄株，母本 P294

为雌株，父本 P716 为雄株；②叶形长披针形，母本为长披针形，父本为短披针形；③叶柄长，母本中等，父本长；④叶柄上表面红绿色，母本红色，父本黄绿色。

'瑞雪'花序

'瑞雪'全株

'瑞雪'盛花期

49 苏柳'紫嫣'

Salix suchowensis × S. caprea 'Ziyan'

品种权号：20180070

江苏省林业科学研究院利用簸箕柳（*S. suchowensis*）与黄花柳（*S. caprea*）种间人工杂交方法选育的观赏灌木柳新品种。灌木，雄株，发芽时间早；干直立，主梢中上部枝红褐，主梢花芽红色，枝梢（顶端10cm）被毛，枝梢（顶端10cm）叶芽被毛，枝梢（顶端10cm）叶芽红色；叶长9.0～11.1cm，叶宽2.6～3.2，叶长/宽为3.3～4.0，互生，最宽处位置近中部，基部楔形，叶长卵形，叶缘有深锯齿，叶正面暗绿色，叶上、下表面被毛；叶柄长1.1～1.3，叶柄上表面红褐色。与亲本相比主要特异性表现为：①枝条阳面红褐色，母本为黄绿，父本为红色；②叶片长卵形，母本为长披针形，父本为近圆形；③叶片长，母本长，父本短。④叶基部楔形，母本为楔形，父本为近心形。

'紫嫣'花序

'紫嫣'花序

'紫嫣'全株

50 花叶柳 'Tu Zhongyu'

S. sinopurpurea × S. integra 'Tu Zhongyu'

江苏省林业科学研究院利用红皮柳（*S. sinopurpurea*）与杞柳（*S. integra*）种间人工杂交方法选育的观赏柳新品种，灌木，平均条长230cm，平均条粗1.10cm，柳条均匀光滑，叶互生，披针形，长14cm，宽2cm，叶缘细锯齿，托叶披针形，叶柄长0.8cm，叶两面无毛。嫩梢淡黄，微发红，成熟枝条绿色，成熟叶6月以前叶片上分布黄色斑点，形似花叶，观赏性好。6月中旬以后叶面上的斑点逐渐褪去，变成全绿色。

花叶柳主要用于园林绿化，具有优良观赏性。

51 红叶柳

Salix 'Hongyeliu'

灌木，当年扦插可达2.5～3.3m；主干灰绿色，具褐色皮孔；叶芽枣红色，长0.2～0.5cm；叶互生，叶椭圆形、卵圆形或椭圆状披针形，先端渐尖，基部楔形，两面无毛，具腺齿；叶长7.5～12.5cm，宽2.5～4.5cm，在整个生长期顶端新叶始终为亮红色。叶背面光滑，灰绿色，有柔毛，叶面呈现亮绿色；托叶位于枝顶，密集出现，呈耳形，长2.5～7.0mm，宽0.7～1.1cm；叶柄棕红色，长1.0～1.5cm，先端有腺点；叶脉凸起，淡绿色或棕红色，有5～10对。雄花序长4.0～7.0cm，花梗及序轴被柔毛，苞片卵圆形，长约0.1cm，雄蕊4～5，基部被毛，具腹、背腺；雌花序长4.0～5.5cm，序梗长2cm，序轴被绒毛，雌花具一腹腺，果倒卵形或卵状椭圆形，长3.0～7.0mm，花期3～4月，果期4～5月。

第八章
柳树杂种优良无性系

一、乔木柳种间杂种无性系

（一）垂柳 × 旱柳

Salix babylomica × S. matsudana

1 71

1979 年选自垂柳（南京东善桥）× 旱柳（产地不清）人工杂交子代。干型通直，树皮中等绿色，枝条黄绿色；一年生扦插苗冠幅 1.0m×1.0m。叶片披针形，中等绿色；长 11.3～12.5cm，宽 1.1～1.7cm，长 / 宽为 7.4～10.3，最宽处在中部。叶缘细锯齿状，侧脉不明显；叶基部楔形，无腺点。叶柄黄绿色，长 1.0cm。托叶早落。叶芽浅绿色，长 0.3cm。在江苏地区速生性较好，可用于速生品种选育材料。保存于江苏省林业科学研究院。

71 枝叶

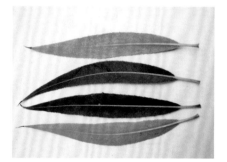

71 叶

71 枝

71 全株

2 152

1977 年选育，垂柳 × 漳河柳人工杂交后代。雌株，干型通直，树皮淡黄绿色，枝条黄绿色；一年生扦插苗冠幅 1.5m×1.5m。叶片狭长椭圆形，浅绿色；长 10.2～11.3cm，宽 1.9～2.1cm，长 / 宽为 5.2～5.7。叶缘浅细锯齿状，叶片侧脉对数 26 对左右；叶基部圆形，无腺点。叶柄绿色，长 0.9cm。托叶卵形，2 片。叶芽浅绿色，顶部微红，长 0.3cm。耐淹水性较好。保存于江苏省林业科学研究院。

152 枝

152 叶

152 枝叶

152 全株

3 **219**

1984 年选育，垂柳（湖南通道）× 漳河旱柳（山西黎城）人工杂交后代。干型通直，树皮褐绿色，枝条绿色；一年生扦插苗冠幅 1.5m×1.5m。叶片阔披针形，叶色浅绿；长 11.0～13.5cm，宽 1.7～2.1cm，长/宽为 5.8～6.5，最宽处在中部。叶缘锯齿明显，侧脉对数 21 对左右；叶基部楔形，有腺点。叶柄黄绿色，长 0.7cm。托叶鲜见。叶芽绿褐色，长 0.2cm。干型好，可用于速生品种选育材料。保存于江苏省林业科学研究院。

219 全株

4 **281**

1977 年选自垂柳 × 漳河旱柳人工杂交子代。雌株，干型直立，树皮中等绿色，长枝枝条较长，前部下垂，枝皮绿色；一年生扦插苗冠幅 1.8m×1.8m。叶片披针形，暗绿色；

281 叶

281 枝叶

长 11.3～12.0cm，宽 1.7cm 左右，长/宽为 6.3～7.1。叶缘细锯齿状，叶侧脉对数 16 对左右；叶基部圆形，无腺点。叶柄红绿色，长 0.5cm。托叶披针形，2 片。叶芽浅绿色，长 0.2cm。可用于选育园林观赏及速生用材育种材料。保存于江苏省林业科学研究院。

219 枝

219 叶

281 全株

5　283

乔木，雌株。小枝黄绿色，分枝角小；叶互生，线形，叶片长14.6～17.8cm，叶宽1.6～2.1cm，长/宽为7.7～9.6，最宽处在叶中部以下；叶基部窄楔形，无腺点，叶缘细锯齿；叶正面中等绿色，叶上表面被毛中等，下表面被近无毛，下表面被粉；叶柄长0.6～1.0cm，上表面黄绿色；无托叶。

283 小枝

283 叶

287 枝叶

287 树皮

283 树皮

6　287

乔木，雄株。小枝黄绿色，干灰绿；叶互生，长披针形，叶片长11.8～16.6cm，叶宽1.3～1.6cm，长/宽为8.4～11.7，最宽处近中部；叶基部窄楔形，无腺点，叶缘细锯齿；叶正面中等绿色，叶上表面被毛少，下表面被粉被毛少。叶柄长0.6～1.0cm，上表面红绿色；无托叶。

283 全株

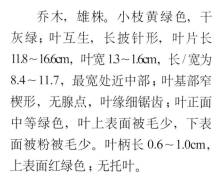

287 雄花序

287 全株

7   322

1977 年选自垂柳 × 漳河旱柳杂交后代。雄株，干型通直，树皮深绿色，长枝枝条较长，前部下垂，枝皮深绿色；一年生扦插苗冠幅 1.0m×1.0m。叶片长披针形，中等绿色，长 12.5～13.0cm，宽 1.1～1.3cm，长/宽为 10.4～11.8。叶缘细锯齿，侧脉对数 23 对左右；叶基部楔形，无腺点。叶柄绿色，长 0.6cm。叶芽浅绿色，长 0.1cm。保存于江苏省林业科学研究院。

322 全株

8   391

1978 年选自垂柳（四川灌县）×旱柳（山东胶南）的杂交后代，雄株，乔木。树皮灰绿色，树干通直；叶片披针形，长 8.4～10.3cm，宽 1.7～2.0cm，长/宽为 4.2～5.1。叶缘细锯齿，叶为暗绿色，叶柄长 0.3cm，黄绿色，侧脉对数为 11～12 对；托叶，叶芽中等绿色，枝为灰绿色。生长快，抗逆性好，可作为速生品种育种材料。

391 叶

322 枝

322 叶

322 枝叶

9   577

1981 年选自垂柳 × 漳河旱柳的 F_1 代无性系。干型通直，树皮绿色，枝条浅绿色；一年生扦插苗冠幅 1.5m×1.8m。叶片阔披针形，暗绿色，叶背灰绿色；长 9.5～13.7cm，宽 1.7～2.0cm，长/宽为 5.6～6.9，最宽处在中部。叶缘细锯齿，侧脉对数 23 对左右；叶基部圆形，无腺点。叶柄绿色，长 0.4cm。托叶卵形，2 片。叶芽浅绿，长 0.1cm。分枝较长，前端下垂，可作为选育速生及观赏品种育种材料。保存于江苏省林业科学研究院。

577 叶

577 枝

577 全株

10 **922**

1991 年选自垂柳（南京江宁新洲）×旱柳（溧阳龙潭林场）人工杂交子代。干型稍弯，树皮灰绿色，枝条黄绿色；一年生扦插苗冠幅 0.8m×0.8m。叶片披针形，浅绿色；长 12.5～17.6cm，宽 1.7～2.6cm，长/宽为 6.8～7.8。叶缘细锯齿，侧脉对数 22 对左右；叶基部楔形，无腺点。叶柄黄绿色，长 1.1cm。托叶卵形，2 片。叶芽浅绿色，长 0.2cm。生长较快，用作速生品种育种材料。

922 叶

922 枝

922 果序

11 **924**

1991 年选自垂柳（南京江宁）×旱柳（江苏溧阳）的杂交后代，雄株，乔木。树皮褐绿色，树干通直，小枝紫色；叶片阔披针形，长 13.5～15.6cm，宽 3.1～3.7cm，长/宽为 3.6～4.2。叶缘细锯齿，叶为中等绿色，叶柄长 1.2cm，黄绿色，托叶 2 片，侧脉对数为 13～14 对；叶芽绿褐色，枝为灰绿色。

长圆柱形花序，花序长 4.6cm，宽 0.6cm，花梗长 0.3cm，托叶为 3～4 片，花丝长 0.4cm，雄蕊 2 枚，花药黄色，苞片卵形，乳黄色。生长快，可作为速生用材和高生物量品种生产应用。

922 全株

924 叶

12　928

928 叶

928 枝

1991 年选自垂柳（南京江宁新洲）× 旱柳（四川峨眉）人工杂交子代。干型通直，树皮褐绿色，枝条绿色；一年生扦插苗冠幅 1.5m×1.5m。叶片披针形，浅绿色；长 10.1～10.9cm，宽 1.5～1.7cm，长/宽 为 6.2～6.8。叶缘细锯齿，叶片侧脉对数 21 对；叶基部楔形，无腺点。叶柄黄绿色，长 0.6cm。托叶卵形，2 片。叶芽浅绿色，长 0.2cm。用作抗逆性及速生品种育种材料。

928 果序

928 枝叶

13　930

1991 年选自垂柳（南京江宁新洲）× 旱柳（四川峨眉）人工杂交子代。雌株，干型通直，树皮浅绿色，分枝角度较小，枝条黄绿色；一年生扦插苗冠幅 1.5m×1.5m。叶片阔披针形，浅绿色；长 8.9～12.9cm，宽 1.6～1.9cm，长/宽 为 4.9～6.8。

930 叶

928 全株

930 全株

叶缘细锯齿，叶片侧脉对数 16 对；叶基部楔形，有腺点。叶柄红绿色，长 0.4cm。托叶披针形，2 片。叶芽浅绿色，长 0.2cm。用作速生品种育种材料。

930 枝叶

930 果序

14　1060

1984年选自垂柳×漳河旱柳人工杂交后代。干型直立，树皮中等绿色，分枝较长，枝条绿色；一年生扦插苗冠幅2.0m×2.0m。叶片阔披针形，中等绿色；长12.1～13.2cm，宽2.3～2.4cm，长/宽为5.1～5.9。叶缘细锯齿，叶片侧脉对数20对；叶基部楔形，无腺点。叶柄黄绿色，长0.8cm。托叶披针形，2片。叶芽浅绿色，长0.2cm。用作选育速生及观赏品种育种材料。

1060 叶

1060 枝

1060 枝叶

1060 全株

1060 果序

1060 树皮

1060 树形

15 2078

1998 年选自垂柳（南京东善桥）×旱柳（溧阳龙潭林场）人工杂交后代。干型通直，树皮灰绿色，枝条绿色被毛；一年生扦插苗冠幅2m×2m。叶片披针形，中等绿色；长9.2～10.2cm，宽1.3～1.4cm，长/宽为6.6～7.5。叶缘锯齿较梳，叶片侧脉对数17对；叶基部圆形，无腺点。叶柄绿色，长0.38cm。托叶耳形，鲜见，早落。叶芽中等绿色，长0.11cm。用作速生用材品种育种材料。

2078 枝叶

2078 枝

2078 叶

2078 花序

2078 全株

16 2198

2000 年选自垂柳（四川灌县）×旱柳（甘肃临夏）人工杂交后代。干型稍弯，树皮褐绿色，枝条红褐色；一年生扦插苗冠幅1.5m×1.5m。叶片披针形，中等绿色；长8.5～10.1cm，宽1.2～1.3cm，长/宽为6.8～8.4。叶缘细锯齿状，叶片侧脉对数15.5对；叶基部楔形，有腺点。叶柄紫绿色，长0.4cm。托叶卵形，2片。叶芽褐色微红，长0.2cm。可用作选育抗逆性品种育种材料。

2198 叶

2198 枝

2198 枝叶

2198 全株

17 2199

2000年选自垂柳（四川灌县）×旱柳（甘肃临夏）人工杂交后代。雄株，干型直立，树皮黄绿色，分枝较短，分枝角度较小，枝条绿色；一年生扦插苗冠幅1m×1m。叶片披针形，浅绿色；长9.3～10.0cm，宽1.3～1.5cm，长/宽为6.2～7.4。叶缘细锯齿，叶片侧脉对数15对；叶基部圆形，有腺点。叶柄紫绿色，长0.5cm。托叶卵形，2片。叶芽褐色微红，长0.2cm。可用作选育抗逆性品种育种材料。

2199 叶

2199 枝

2199 枝叶

2832 枝

2832 枝叶

2199 枝叶

18 2832

垂柳（南京）×旱柳（北京）的杂交种，乔木。树皮灰绿，树干稍弯；叶片长披针形，长13.0～15.1cm，宽1.8～2.4cm，长/宽为5.5～8.4。叶缘粗锯齿，叶色中等绿色，叶柄长0.9cm，黄绿色，侧脉对数13～19对；叶芽浅绿色，枝条绿色；托叶披针形，2片。可用于观赏及速生用材品种育种材料。

2832 叶

2199 全株

2832 全株

19 2837

垂柳（南京东善桥）×旱柳（北京房山）的杂交后代。乔木。树皮灰绿色，树干通直；叶片披针形，叶长8.6～12.4cm，宽1.2～2.4cm，长/宽为4.7～7.2，最宽处在下部1/3处。叶缘细锯齿，叶色浅绿色；叶柄长0.8cm，黄绿色；侧脉对数14～18对；叶芽浅绿色，枝条绿色。可用于速生用材品种育种材料。

2837 枝

2837 叶

2837 枝叶

2837 全株

20 2842

垂柳（南京东善桥）×旱柳（北京房山）的杂交后代。乔木。树皮灰绿色，树干稍弯；叶片长披针形，叶

2842 枝

2842 枝叶

2842 叶

长9.0～13.7cm，宽1.5～2.5cm，长/宽为5.0～6.5。叶缘细锯齿，叶色浅绿色；叶柄长0.8cm，红绿色；侧脉对数19～25对；叶芽浅绿色，枝条绿色。用于速生、观赏品种育种材料。

2842 全株

21 2843

垂柳（南京东善桥）×旱柳（北京房山）的杂交后代。乔木。树皮褐绿色，树干通直；叶片狭长披针形，先端长尾尖，叶长 11.2～14.7cm，宽 1.3～1.5cm，长/宽为 7.7～10.0，最宽处在下部 1/3 处。叶缘粗锯齿，叶色中等绿色；叶柄长 0.8cm，黄绿色；

2843 叶

2843

2843 分枝

2843 枝叶

侧脉对数 16～28 对；叶芽褐色微红，枝条绿色。树冠开阔，树干皮孔少，生长快，可用作速生、观赏品种育种材料。

22 2849

垂柳（南京东善桥）×旱柳（北京房山）的杂交后代。乔木。树皮

2849 叶

2849 枝

2849 分枝

褐绿色，树干通直；叶片长披针形，先端尾尖，叶长 10.8～15.1cm，宽 1.6～2.3cm，长/宽为 5.9～7.3。叶缘细锯齿，叶色中等绿色；叶柄长 0.8cm，黄绿色；侧脉对数 26～32 对；叶芽浅绿色，枝条绿色。生长快，用作选育速生品种材料。

2849 枝叶

23　2850

垂柳（南京东善桥）×旱柳（北京房山）的杂交后代。乔木。树皮灰绿色，树干稍弯；叶片披针形，先端长尾尖，叶长10.2~14.8cm，宽1.6~2.3cm，长/宽为4.4~7.8。叶缘细锯齿，叶色中等绿色；叶柄长0.8cm，红绿色；侧脉对数13~23对；叶芽绿褐色，枝条绿色。生长较快，可用于速生及观赏品种育种材料。

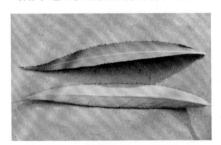

2850 叶

2850 枝

2850 枝叶

2850 全株

（二）垂柳 × 白柳

Salix babylonica × S. alba

24　801

1986年选自垂柳（四川灌县）×白柳（新疆）的杂交后代，雄株，乔木。树皮中等绿色，树干通直；叶片披针形，长11.8~13.1cm，宽1.9~2.3cm，长/宽为5.8~6.5。叶缘细锯齿，叶为暗绿色，叶柄长1.0cm，黄绿色，侧脉对数为11~12对；叶芽中等绿色，枝为黄绿色。

801 叶

25　2145

2000年选自垂柳（北京房山）×白柳（西藏）人工杂交后代。雄株，干型稍弯，树皮褐绿色，分枝角度较大，分枝较长，枝条绿色；一年生扦插苗冠幅2.0m×2.0m。叶片披针形，中等绿色；长10.5~12.0cm，宽1.3~1.8cm，长/宽为5.8~8.8。叶缘细锯齿状，叶片侧脉对数17对；叶基部楔形，无腺点。叶柄黄绿色，长0.8cm。托叶耳形，2片。叶芽浅绿，长0.1cm。用于选育园林品种育种材料，以及保存西藏白柳遗传信息。

2145 全株

2145 枝叶

2145 叶

2145 枝

2305 分枝

26 2305

2305 叶

2000 年选自垂柳（南京东善桥）× 白柳（新疆察布查尔）优选单株（无性系）的 F1 代优良单株。干型中等弯曲，树皮黄色，枝条黄绿色；一年生扦插苗冠幅 1.5m×1.5m。叶片披针形，中等绿色；长 11.2～17.0cm，宽 1.9～2.5cm，长 / 宽为 5.9～8.1。叶缘细锯齿状，叶片侧脉对数 19 对；叶基部楔形，无腺点。叶柄黄绿色，长 1.3cm。托叶耳形，2 片。叶芽浅绿色，长 0.2cm。用作观赏品种育种材料，以及保存新疆白柳的遗传信息。

2305 枝

2305 枝叶

2305 全株

27 2703

2006 年选自垂柳（*S. babylonica*）（南京东善桥）× 白柳（*S. alba*）（新疆察布查尔）的人工杂交种，乔木。树皮褐绿色，树干通直；叶片披针形，基部楔形，长 11.2～12.2cm，宽 1.5～1.7cm，长 / 宽为 6.6～8.1。叶缘细锯齿状，初生叶为暗绿色，叶柄长 0.7cm，黄绿色，托叶 2 片，侧脉对数为 11～13 对；叶芽绿褐色，枝为绿色。

2703 叶

2703 枝

2703 枝叶

28 2705

29 2707

30 2708

2006 年选自垂柳（*S. babylonica*）（南京东善桥）×白柳（*S. alba*）（新疆察布查尔）的人工杂交种，乔木。树皮灰绿色，树干通直；叶片披针形，基部楔形，长 5.5～6.00cm，宽 0.9～1.1cm，长／宽为 4.9～6.1。叶缘细锯齿状，初生叶为暗绿色，叶柄长 0.3cm，黄绿色，无托叶，侧脉对数为 7～8 对；叶芽绿褐色，枝为黄绿色。

2006 年选自垂柳（*S. babylonica*）（南京东善桥）×白柳（*S. alba*）（新疆察布查尔）的人工杂交种，乔木。树皮灰绿色，树干通直；叶片披针形，基部楔形，长 9.0～9.7cm，宽 1.1～1.4cm，长／宽为 6.7～8.8。叶缘细锯齿状，初生叶为暗绿色，叶柄长 0.4cm，黄绿色，无托叶，侧脉对数为 11～13 对；叶芽绿褐色，枝为灰绿色。

2006 年选自垂柳（*S. babylonica*）（南京东善桥）×白柳（*S. alba*）（新疆察布查尔）的人工杂交种，乔木。树皮黄色，树干通直；叶片长披针形，基部楔形，长 9.6～13.9cm，宽 1.4～1.6cm，长／宽为 6.9～9.7。叶缘细锯齿状，初生叶为中等绿色，叶柄长 0.7cm，黄绿色，托叶 2 片，侧脉对数为 10～12 对；叶芽中等绿色，枝为黄绿色。

2705 叶

2707 叶

2708 叶

2705 枝

2707 枝

2708 枝

2705 枝叶

2707 枝叶

2708 枝叶

31　2709

32　2712

（三）垂柳 × 垂柳
Salix babylonica × S. babylonica

33　2468

　　2006 年选自垂柳（*S. babylonica*）（南京东善桥）× 白柳（*S. alba*）（新疆察布查尔）的人工杂交种，乔木。树皮褐绿色，树干通直；叶片披针形，基部楔形，长 8.2～10.4cm，宽 1.5～1.7cm，长 / 宽为 4.8～6.6。叶缘细锯齿状，初生叶为褐绿色，叶柄长 0.4cm，黄绿色，无托叶，侧脉对数为 10～11 对；叶芽绿褐色，枝为灰绿色。

　　2006 年选自垂柳（*S. babylonica*）（南京东善桥）× 白柳（*S. alba*）（新疆察布查尔）的人工杂交种，乔木。树皮褐绿色，树干通直；叶片披针形，基部楔形，长 8.1～10.1cm，宽 1.6～2.1cm，长 / 宽为 4.2～5.5。叶缘细锯齿状，初生叶为中等绿色，叶柄长 0.6cm，黄绿色，无托叶，侧脉对数为 11～12 对；叶芽中等绿色，枝为绿色。

　　2002 年选自垂柳（南京蒋王庙）× 垂柳（云南昆明）人工杂交后代。树皮中等绿色，干型稍弯，枝条长，枝条黄绿色；一年生扦插苗冠幅 2.0m×2.0m。叶片披针形，渐尖，或急尖，黄绿色；长 10.3～13.2cm，宽 1.5～1.9cm，长 / 宽为 6.9～7.3。叶缘细锯齿，叶片侧脉对数 14 对；叶基部楔形，无腺点。叶柄红绿色，长 1.0cm。托叶无。叶芽浅绿色，长 0.1cm。株型美观，用作观赏品种育种材料。

2709 叶

2712 叶

2468 叶

2468 枝叶

2709 枝

2712 枝

2709 枝叶

2712 枝叶

2468 全株

（四）垂柳 × 爆竹柳

Salix babylonica × S. fragilis

34　742

1984 年选自垂柳（四川峨眉）×爆竹柳人工杂交后代。干型通直，枝条绿色，小枝树皮褐绿色；一年生扦插苗冠幅 2.5m×2.5m。叶片披针形，浅绿色；长 8.2～14.5cm，宽 1.7～2.1cm，长／宽为 4.4～6.9，最宽处在中下部。叶缘细锯齿，侧脉对数 20 对左右；叶基部圆形，无腺点。叶柄红绿色，长 0.6cm。叶芽浅绿色，长 0.2cm。可用作抗逆性、速生良种的选育材料，在南方地区用于部分替代爆竹柳遗传信息。

742 枝叶

742 叶

742 枝

742 全株

（五）旱柳 × 旱柳

Salix matsudana × S. matsudana

35　354

1978 年选自蒙旱 × 东 1 人工杂交后代。雄株，干型通直，树皮中等绿色，枝条黄绿色；一年生扦插苗冠幅 2.0m×2.0m。叶形披针形，叶片薄软，正面被毛，中等绿色；长 12.4～13.4cm，宽 1.9～2.1cm，长／宽为 6.1～6.6，最宽处在中部。叶缘细锯齿状，侧脉对数 26 对左右；叶基部圆形或楔形，无腺点。叶柄黄绿色，长 1.3cm。托叶耳形，2 片。叶芽浅绿色，长 0.3cm。保存于江苏省林业科学研究院。

354 全株

354 枝叶

354 花

383 枝叶

354 叶

 383 枝

383 叶

354 枝

36 383

1984 年选自旱柳（山东济南）×漳河旱柳（山东黎城）人工杂交子代。主干直立，树皮中等绿色，枝条淡黄绿色；一年生扦插苗冠幅 1.5m×1.5m。叶片长披针形，暗绿色，小而密；长 6.2～8.3cm，宽 0.4cm 左右，长 / 宽为 16.6～17.0。叶缘锯齿较粗，叶侧脉对数 10 对左右；叶基部楔形，有腺点。叶柄淡黄绿色，长 0.4cm。托叶卵形，2 片，叶芽浅绿色，长 0.2cm。杂交父、母本干型直，生长快，可用于选育用材品种选育材料。保存于江苏省林业科学研究院。

383 全株

37 424

1984年选自旱柳（山东梁山）×旱柳（四川灌县）的杂交后代，雌株，乔木。树皮中等绿色，树干通直；叶片披针形，长8.6～9.8cm，宽1.6～1.8cm，长/宽为4.6～5.1。叶缘细锯齿，叶为暗绿色，叶柄长0.4cm，黄绿色，侧脉对数为11～12对；叶芽中等绿色，枝为黄绿色。

424 叶

38 483

乔木，雌株。小枝深紫色，干绿带紫色；叶互生，长披针形，叶片长11.8～16.6cm，叶宽1.3～1.6cm，长/宽为8.4～11.7，最宽处在叶中部以下；叶基部窄楔形，无腺点，叶缘细锯齿；叶正面中等绿色，叶上表面被毛中等，下表面近无毛，下表面被粉；叶柄长0.6～1.0cm，上表面红绿色；无托叶。

483 树皮

483 全株

483 全株

39 597

1984年选自旱柳（山东梁山）×旱柳（四川灌县）的人工杂交后代。雄株，顶端优势较强，生长量大，但干型稍弯，树皮绿色，枝条绿色。一年生扦插苗冠幅1.5m×1.5m。叶片披针形，中等绿色；长11.3～13.3cm，宽1.7～2.0cm，

长/宽为6.4～7.0。叶缘细锯齿，侧脉对数15对左右；叶基部楔形，有腺点。叶柄黄绿色，长0.8cm。托叶耳形，2片。叶芽褐色微红，长0.2cm。耐水湿性好，可作为抗逆性及速生用材品种育种材料。保存于江苏省林业科学研究院。

597 叶

597 枝

597 全株

40 **598**

1984年选自旱柳（山东济南）×旱柳（云南楚雄）人工杂交子代。雄株，干型直立，树皮灰绿色，枝条灰褐色；一年生扦插苗冠幅1.5m×1.5m。叶片披针形，顶端尾尖，暗绿色；长10.3～11.0cm，宽1.1cm左右，长/宽为9.1～10.3，最宽处在中下部。叶缘细锯齿状，锯齿很浅，叶侧脉对数20对左右；叶基部圆形，无腺点。叶柄红绿色，长0.6cm。托叶披针形，2片。叶芽浅绿色，长0.3cm。保存于江苏省林业科学研究院。

598 枝

598 枝叶

699 枝叶

699 叶

598 叶

41 **699**

乔木，雌株。干黄绿色，小枝红色，分枝角小；叶互生，长披针形，叶片长11.8～16.6cm，叶宽1.3～1.6cm，长/宽为8.43～11.67，最宽处近中部；叶基部楔形，无腺点，叶缘细锯齿；叶正面暗绿色，叶上表面被毛少，下表面近无毛，下表面被粉；叶柄长0.6～1.0cm，上表面红绿色；无托叶。

598 全株

699 树皮

699 全株

1985 年选自旱柳（山东济南）× 旱柳（云南楚雄）杂交后代优选无性系。雌株，乔木，树冠广卵形。树皮中等绿色，树干通直；叶片卵形，长 9.9～10.6cm，宽 1.5～1.7cm，长 / 宽为 5.4～5.8。叶缘细锯齿，叶为暗绿色，叶柄长 1.0cm，黄绿色，侧脉对数为 11～12 对；叶芽中等绿色，枝为绿色。该无性系耐淹水，生长快，已经用于洪泽湖和江苏长江滩地造林。

736 枝

743 树皮

736 枝叶

736 全株

乔木，雄株。干灰绿色，小枝紫色；叶互生，披针形，叶片长 11.8～16.6cm，叶宽 1.3～1.6cm，长 / 宽为 8.4～11.7，最宽处在叶中部以下；叶基部楔形，无腺点，叶缘细锯齿；叶正面暗绿色，叶上表面被毛少，下表面近无毛，下表面被粉；叶柄长 0.6～1.0cm，上表面红绿色；无托叶。

743 全株

44 755

乔木，雌株。干浅绿色，小枝紫红色，分枝角小；叶互生，线形，叶片长 11.8～16.6cm，叶宽 1.3～1.6cm，长/宽为 8.4～11.7，最宽处近中部；叶基部楔形，无腺点，叶缘细锯齿；叶正面暗绿色，叶上表面被毛少，下表面近无毛，下表面被粉；叶柄长 0.6～1.0cm，上表面红绿色；无托叶。

755 叶

755 树皮

755 枝叶

45 2058

1998 年选自旱柳（江苏泗阳）×漳河柳（北京房山）人工杂交后代。干型通直，树皮褐绿色，枝条斜向上直伸，分枝角度较小，枝条绿色；一年生扦插苗冠幅 1.0m×1.0m。叶片披针形，中等绿色；长 10.0～12.3cm，宽 1.6～1.8cm，长/宽为 5.9～7.0。叶缘细锯齿，叶片侧脉对数 19 对；叶基部圆形，无腺点。叶柄红绿色，长 0.8cm。托叶耳形，2 片。叶芽褐色微红，长 0.2cm。生长较快。

2058 枝叶

2058 枝

755 全株

2058 叶

2058 全株

46 2136

2000 年选自旱柳（馒头柳，北京房山）× 旱柳（馒头柳，北京房山）人工杂交子代。雄株，干型直立，树皮褐绿色，枝条红褐色；一年生扦插苗冠幅 1.5m×1.5m。叶片狭长披针形，中等绿色；长 9.4cm 左右，宽 0.7cm 左右，长/宽为 11.6～13.1，最宽处在中下部 1/3 到 1/4 处。叶缘细锯齿状，叶侧脉对数 14 对左右；叶基部圆形，无腺点。叶柄黄绿色，长 0.5cm 左右。托叶早落，鲜见。叶芽绿褐色，长 0.1cm。用作选育馒头柳品种育种材料。

2136 枝叶

2136 全株

2136 枝

2136 叶

2216 枝叶

2216 叶

2216 枝

47 2216

2000 年选自旱柳（江苏泗阳）× 馒头柳（北京房山）人工杂交后代。干型通直，树皮黄绿色，分枝较短，角度较小，枝条绿色，阳面红色；一年生扦插苗冠幅 0.5m×0.5m。叶片披针形，浅绿色；长 8.9～11.6cm，宽 1.5～2.3cm，长/宽为 3.9～5.9。叶缘浅细锯齿，叶片侧脉对数 15 对；叶基部楔形，无腺点。叶柄绿色，长 0.5cm。托叶披针形，2 片。叶芽褐色微红，长 0.3cm。

2216 全株

48 2828

为旱柳（北京）×旱柳（北京）的杂交后代的优选无性系。乔木。树皮浅黄绿色，树干通直；叶片长披针形，长 13.1~15.0cm，宽 1.8~2.5cm，长／宽为 5.5~7.7。叶缘粗锯齿，叶色中等绿色，叶柄长 1.2cm，黄绿色，侧脉对数 15~20 对；叶芽浅绿色，枝条绿色；托叶披针形，2 片。用作速生品种育种材料。

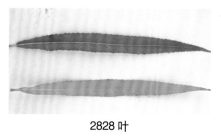

2828 叶

2828 枝

2828 枝叶

（六）旱柳 × 白柳

Salix matsudana × S. alba

49 760

1986 年选自旱柳（北京）× 白柳（新疆）的杂交后代，雄株，乔木。树皮中等绿色，树干通直；叶片披针形，长 8.5~10.1cm，宽 1.6~1.9cm，长／宽为 4.7~5.3。叶缘细锯齿，叶为暗绿色，叶柄长 0.9cm，黄绿色，侧脉对数为 9~10 对；叶芽中等绿色，枝为绿色。

圆柱形花序，花序长 4.0cm，宽 0.5cm，花梗长 0.3cm，托叶为 3~4 片，花丝长 0.4cm，雄蕊 2 枚，花药黄色，苞片卵形，嫩黄色。

2828 全株

760 枝叶

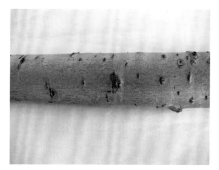

760 枝

760 全株

50 777

1985 年选自旱柳（北京孝义）×白柳（新疆察布查尔）人工杂交后代。雄株，干型通直，树皮褐色，枝条绿色；一年生扦插苗冠幅 1.0m×1.0m。叶片披针形，先端弯尾尖，暗绿色，长 9.0～11.0cm，宽 1.4～1.7cm，长 / 宽为 5.3～7.5。叶缘细锯齿，侧脉 18 对左右；叶基部楔形，有腺点。叶柄红绿色，长 0.6cm。托叶耳形，鲜见，早落。叶芽褐色微红，长 0.2cm。可用作选育耐寒性速生品种育种材料。

777 叶

777 全株

777 枝

777 枝叶

51 785

乔木，雌性同株同花。干绿色，小枝紫红色，分枝角小；叶互生，线形，叶片长 11.8～16.6cm，叶宽 1.3～1.6cm，长 / 宽为 8.4～11.7，最宽处近中部；叶基部窄楔形，无腺点，叶缘细锯齿；叶正面中等绿色，叶上表面被毛少，下表面近无毛，下表面被粉；叶柄长 0.6～1.0cm，上表面红绿色；无托叶。

785 大树树皮

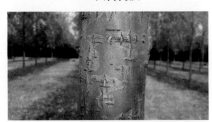

785 幼树树皮

785 花序

785 分枝

785 全株

785 大树树形

E84-10 枝叶

E84-10 叶

E84-10 全株

E84-10 枝

（七）旱柳 × 垂柳

Salix matsudana × S. babylonica

61 2089

1998 年选自旱柳（江苏泗阳）×垂柳（江苏沭阳）人工杂交后代。干型直立，树皮浅绿色，分枝角度较大，枝条较长，树冠开阔，枝条绿色，被毛；一年生扦插苗冠幅 2.5m×2.0m。叶片披针形，浅绿色，正面被毛；长 9.2～11.0cm，宽 1.3～1.5cm，长 / 宽 为 6.1～8.5。叶缘细锯齿，叶片侧脉不明显；叶基

部楔形，有腺点。叶柄黄绿色，长 0.5cm。托叶类型无。叶芽褐色微红，长 0.2cm。可用作选育行道柳树品种育种材料。

2089 枝

2089 枝叶

2089 叶

2089 全株

62　2427

2002 年选自旱柳（山东济南）×
垂柳（云南昆明）人工杂交后代。
主干通直，树皮橙色，分枝角度
较小，枝条黄绿色；一年生扦插苗
冠幅 1.5m×1.5m。叶片阔披针形，
中 等 绿 色；长 12.5～18.7cm，宽
2.1～3.0cm，长 / 宽为 5.4～7.4。叶
缘细锯齿，叶片侧脉对数 18 对；叶
基部楔形，无腺点。叶柄黄绿色，
长 0.7cm。托叶披针形，2 片。叶芽
绿色顶部微红，长 0.3cm。可用作选
育速生及抗逆性品种育种材料。

2427 叶

2427 枝

2427 枝叶

2453 枝叶

2453 叶

2453 枝

2453 果序

2427 全株

63　2453

2002 年选自旱柳（山东济南）×
垂柳（云南昆明）人工杂交后代。
主干较直，树皮褐绿色，分枝较长，
枝条灰褐色；一年生扦插苗冠幅
2.0m×3.0m。叶片披针形，暗绿色；
长 12.7～14.5cm，宽 1.5～1.6cm，
长 / 宽为 7.9～9.1。叶缘细锯齿，叶
片侧脉对数 14 对；叶基部楔形，无
腺点。叶柄红绿色，长 0.7cm。托叶
耳形，2 片。叶芽绿色，顶部微红，
长 0.3cm。速生，用作速生品种育种
材料。

2453 全株

64 2457

2002 年选自旱柳（山东济南）× 垂柳（云南昆明）人工杂交后代。主干通直，树皮浅绿色，枝条绿色；一年生扦插苗冠幅 2.0m×2.0m。叶片披针形，中等绿色；长 12.5~13.4cm，宽 1.5~1.7cm，长/宽为 7.8~8.4，最宽处在中下部。叶缘细锯齿，叶片侧脉对数 26 对；叶基部楔形，有腺点。叶柄绿色，长 0.5cm。托叶耳形，2 片。叶芽浅绿色，长 0.2cm。用作速生及抗逆性品种育种材料。

2457 枝叶

（八）旱柳 × 新紫柳

Salix matsudana × S. neowilsonii

65 2321

2000 年选自旱柳（山东济南）× 新紫柳（江苏吴县）人工杂交后代。干型直立，树皮黄色，枝条黄绿色；一年生扦插苗冠幅 2.0m×2.0m。叶片披针形，中等绿色；长 10.6~11.9cm，宽 1.3~1.5cm，长/宽为 7.5~9.2。叶缘细锯齿，叶片侧脉对数 19 对；叶基部楔形，无腺点。叶柄黄绿色，长 1.0cm。托叶无。叶芽浅绿色，长 0.2cm。用作选育抗逆性及速生品种育种材料。

2321 枝叶

2457 叶

2457 枝

2321 花序

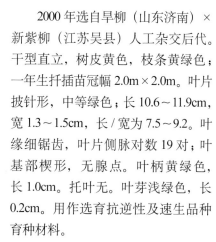

2321 叶

2321 枝

2457 全株

2321 全株

2321 全株

（九）旱柳 × 大叶柳
Salix matsudana × S. magnifica

66　**17**

　　1980 年选自旱柳（南京东善桥）× 大叶柳（昆明）人工杂交子代。雌株，干型通直，树皮灰绿色，枝条绿色；一年生扦插苗冠幅 2.0m×2.0m。叶片披针形，暗绿色；长 15.5～17.4cm，宽 1.8～2.3cm，长/宽为 7.6～9.2，最宽处在中下部。叶缘细锯齿状，叶侧脉对数 27 对左右；叶基部楔形，无腺点。叶柄黄绿色，长 0.9cm。托叶无。叶芽浅绿色，长 0.2cm。可用于绿化与速生用材柳树育种材料。保存于江苏省林业科学研究院。

17 叶

17 全株

17 枝叶

17 枝

（十）腺柳 × 垂柳
Salix chaeonomeloides × S. babylonica

67　**2480**

　　2002 年选自腺柳（江苏南京）× 垂柳（成都）人工杂交后代。干型直立，树皮淡黄绿色，枝条绿色；一年生扦插苗冠幅 1.0m×1.0m。叶片披针形，中等绿色；长 12.1～14.2cm，宽 1.6～1.8cm，长/宽为 7.0～8.3。叶缘细锯齿，叶片侧脉对数 22 对；叶基部圆形，无腺点。叶柄黄绿色，长 0.7cm。托叶无。叶芽浅绿色，长 0.3cm。用作抗逆性及速生品种育种材料。

2480 叶

2480 枝

2480 枝叶

2480 全株

68 **2787**

2007 年选自腺柳（*S. chaeonomeloides*）（新疆）×垂柳（*S. babylonica*）（四川峨嵋）的人工杂交种，乔木。树皮灰绿色，树干通直；叶片长披针形，基部楔形，长 7.9～8.8cm，宽 1.1～1.3cm，长／宽为 6.3～8.0。叶缘细锯齿状，初生叶为暗绿色，叶柄长 0.4cm，黄绿色，无托叶，侧脉对数为 9～11 对；叶芽绿褐色，枝为绿色。

2787 叶

2787 枝叶

（十一）朝鲜柳 × 垂柳

Salix koreensis × S. babylonica

69 **2742**

2007 年选自朝鲜柳（意大利杨树所）×垂柳（云南昆明）的人工杂交种，乔木。树皮灰绿色，树干通直；叶片披针形，基部窄楔形，长 7.8～9.4cm，宽 1.1～1.3cm，长／宽为 6.1～7.7。叶缘细锯齿状，初生叶为暗绿色，叶柄长 0.5cm，黄绿色，无托叶，侧脉对数为 9～12 对；叶芽绿褐色，枝为绿色。

2742 叶

2742 枝叶

2787 枝

2742 枝

（十二）辐射育种无性系

70 744

1984 年选自垂柳 × 漳河柳的子代无性系优选单株的种子，经 0.75 万伦琴射线处理后播种育苗而选育的优良单株。雌株，干型通直，树皮中等绿色，枝条绿色；一年生扦插苗冠幅 2.5m×2.5m。叶片披针形，中等绿色；长 14.2～15.0cm，宽 2.0～2.5cm，长／宽为 6.0～7.5。叶缘细锯齿，侧脉对数 24 对左右；叶基部圆形，无腺点。叶柄绿色，长 0.9cm。托叶耳形，2 片。叶芽浅绿色，长 0.2cm。侧枝较多，较长，冠形饱满，可作为选育馒头柳类观赏柳育种材料。

744 叶

744 枝叶

744 全株

744 枝

（十三）复合杂种无性系

71 358

1978 年选自（旱柳 × 钻天柳）× 东 1 人工杂交后代。雄株，干型通直，树皮黄色，枝条黄绿色；一年生扦插苗冠幅 1.5m×1.5m。叶片阔披针形，黄绿色；长 11.3～12.8cm，宽 1.8～2.2cm，长／宽为 5.8～7.6。叶缘细锯齿，侧脉对数 22 对左右；叶基部圆形，无腺点。叶柄黄绿色，长 0.7cm。托叶卵形，2 片，早落。叶芽浅绿色，长 0.2cm。用于速生品种选育材料，部分保存钻天柳的遗传信息。保存于江苏省林业科学研究院。

358 叶

358 枝叶

358 枝

358 果序

358 全株

80　2687

2687

2005 年选自簸箕柳（江苏）×黄花柳（英国）的杂交后代。树皮淡土黄色，柳条粗壮；叶片长条状披针形，长 10.5～19.5cm，宽 1.1～2.1cm，长 / 宽为 8.7～10.7。叶缘粗锯齿，叶色中等绿色，叶柄长 0.83cm，黄绿色，侧脉对数 27～38 对；叶芽绿褐色，枝条黄绿色；托叶披针形，2 片。生长快，可用于高生物量柳林生产。

2687 枝

2687 全株

2687 枝叶

2687 叶

81　2688

2688

2005 年选自簸箕柳（江苏如皋）×黄花柳（英国 Long Aston）的杂交后代。灌木，树皮浅绿色，树干通直；叶片线状长披针形，先端尾尖，叶长 13.5～15.5cm，宽 1.1～1.3cm，长 / 宽为 11.3～14。叶缘细锯齿；叶色浅绿色；叶柄长 1.09cm，绿色；托叶 2 片，披针形，侧脉对数 18～29 对；叶芽浅绿色，枝条绿色。可用于抗逆性、速生品种育种材料。

2688 枝

2688 叶

2688 花序

2688 盛花期

2688 分枝

（二）簸箕柳 × 蒿柳

Salix suchowesis × S. viminalis

82 2381

灌木，雌株。叶互生，线形，叶片长 11.8～16.6cm，叶宽 1.3～1.6cm，长/宽为 8.4～11.7，最宽处近中部；叶基部楔形，无腺点，叶缘细锯齿；叶正面中等绿色，叶上下表面均被毛少，下表面被粉。叶柄长 0.6～1.0cm，上表面黄绿色；托叶披针形，托叶长度 0.6～1.1cm。

2381 叶

2381 花序

2381 果序

2381 全株

83 2376

2001 年选自簸箕柳（江苏）× 蒿柳（英国）的杂交后代。灌木，树皮灰褐色，枝条粗壮；叶片条形，先端急尖，长 13.6～15.9cm，宽 1.1～1.9cm，长/宽为 7.2～13.0。叶缘粗锯齿，叶色中等绿色；叶柄长 1.0cm，黄绿色，侧脉对数 26～37 对；叶芽浅绿，枝条绿色；托叶披针形，2 片。可用于高生物量造林材料和育种亲本。

2376 叶

2376 枝

2376 枝和花序

2376 全株

84 2683

2005 年选自簸箕柳（山东）×蒿柳（英国）的杂交后代。树皮褐绿，树干通直；叶片长披针形，基部窄楔形，长 15.4～18.3cm，宽 2.1～2.5cm，长 / 宽为 6.6～8.0。叶缘细锯齿，叶色中等绿色；叶柄长 1.3cm，黄绿色，侧脉对数 28～36 对；叶芽绿褐，枝条黄绿色；托叶 2 片，披针形。较速生，用作抗逆性、高生物量品种的亲本材料。

2683 全株

2683 叶

2683 枝

2702 枝叶

2683 枝叶

（三）簸箕柳 × 钻石柳
Salix suchowensis × S. eriocephala

85 2702

2005 年选自簸箕柳（江苏）×钻石柳（纽约）的杂交后代。树皮灰绿色，树干通直；叶片长披针形，长 7.9～16.9cm，宽 1.3～2.6cm，长 / 宽为 6.4～7.6。叶缘细锯齿，叶色中等绿色，叶柄长 1.6cm，红绿色，侧脉对数 19～33 对；叶芽褐色微红，枝条绿色；托叶 2 片，披针形。柳条萌生能力强，为高生物量品种育种材料。

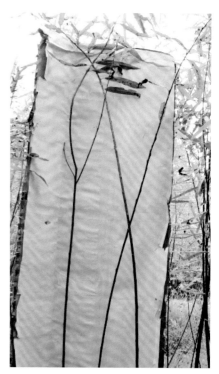

2702 全株

2702 枝叶

2702 叶

2702 枝

86 2669

2005 年选自簸箕柳（山东）×钻石柳（纽约）的杂交后代。灌木，树皮红绿色，冬季紫红色，柳条分枝较多，叶片着生稀疏，叶缘波状；叶片长椭圆形，先端急尖，长 7.4～10.9cm，宽 2.8～4.2cm，长／宽为 2.5～3.2。叶缘粗锯齿，叶色中等绿色，叶柄长 1.0cm，红绿色，侧脉对数 10～16 对；叶芽绿褐色，枝条红绿色；托叶卵形，2 片。可用于园林绿化造林。

2669 枝

2669 全株

50-6 枝叶

2669 叶

2669 枝叶

2669 花序

（四）簸箕柳 × 银芽柳

87 50-6

灌木，雌株。干直立，主梢中上部枝黄绿色，新发叶淡红色；侧枝分枝角中等，侧枝少；叶长 8.9～13.9cm，叶宽 1.0～1.3cm，叶长／宽为 8.8～12.3，叶互生，最宽处在叶片近中部，基部楔形，基部无腺点，叶长披针形，叶缘细锯齿，叶正面中等绿色，叶上表面被毛少，叶下表面及叶脉被柔毛；叶柄长 1.1cm，叶柄上表面黄绿色；托叶长披针形，长 2.4cm。生物量大，适应性强，极少溃疡病。

50-6 叶形

50-6 花序

50-6 全株

50-6 分枝

88　1047

1988 年选自簸箕柳（山东）×银柳（上海）的杂交后代。灌木，树皮中等绿色，柳条分枝多；叶片长披针形，先端长渐尖，长 8.0～11.1cm，宽 0.9～1.3cm，长/宽为 7.9～9.3。叶缘浅细锯齿，叶色黄绿色，叶柄长 0.6cm，黄绿色，侧脉对数 26～36对；叶芽浅绿色，枝条绿色；托叶披针形，2 片。生长较快，可用于高生物量生态林培育。

1047 枝

1047 枝叶

1047 叶

1047 全株

（五）二色柳 × 黄花柳

89　2487

2002 年选自二色柳（山东）×黄花柳（英国）的杂交后代，矮灌木。树皮灰绿色，枝条细，常见弯曲，叶片倒卵状椭圆形，长 6.9～11.8cm，宽 2.6～4.1cm，长/宽为 2.6～3.2，最宽处在叶片中上部。叶缘粗锯齿，叶色暗绿色，叶柄长 1.0cm，绿色，侧脉对数 12～17 对；叶芽绿褐色，枝条黄绿色。用作选育观赏及切花品种材料。

2487 叶

2487 枝叶

2487 枝

2487 盛花期

2487 全株

2005 年选育，为二色柳（山东临沭）×黄花柳（英国 Long Aston）的杂交后代。树皮中等绿色，树干通直；叶片长披针形，叶长 10.3～12.5cm，宽 1.0～1.2cm，长 /宽为 8.6～12.3。叶缘粗锯齿；叶色黄绿；叶柄长 0.6cm，黄绿色；托叶披针形，2 片；侧脉对数 19～24 对；叶芽绿褐色，枝条绿色。可用于抗逆性、高生物量柳树品种育种材料和造林材料。

2599 枝

2599 枝叶

2599 叶

2599 全株

2599 花序

91 2602

2005 年选自二色柳（山东）×黄花柳（英国）的杂交后代。灌木，树皮浅绿色，柳条细长，分枝少；叶片长圆形，先端急尖，长6.6～10.9cm，宽2.9～3.6cm，长/宽为2.8～3.7。叶缘细锯齿，叶色中等绿色，叶柄长1.0cm，绿色，侧脉对数9～17对；叶芽绿褐，枝条绿色；托叶披针形，2片。冬季花芽较大，可用于银芽柳生产。

2602 枝叶

2602 全株

2602 叶

2602 叶

2602 枝

92 2659

2005 年选自二色柳（山东）×黄花柳（英国）的杂交后代。灌木，树皮灰绿色，柳条分枝少，叶片着生较密；叶片长披针形，长13.7～14.9cm，宽1.1～1.4cm，长/宽为9.8～11.5。叶缘细锯齿，叶色中等绿色，叶柄长1.0cm，黄绿色，侧脉对数33～38对；叶芽绿褐色，枝条黄绿色；托叶2片，披针形。可用于编织柳条林生产，以及抗逆性育种亲本。

2659 叶

2659 枝叶

2659 枝

2659 全株

（六）二色柳 × 欧洲红皮柳

93　2396

2001 年选自二色柳（山东临沭）×欧洲红皮柳（英国 Long Aston）的杂交后代，灌木。树皮黄色，枝条直伸，分枝极少，叶片线状披针形，长 12.6～15.2cm，宽 1.1～1.6cm，长／宽为 9.0～12.8。叶缘粗锯齿，叶色中等绿色，叶柄长 0.7cm，黄绿色，侧脉对数 27～39 对；叶芽浅绿色，枝条灰绿色。枝条细软，分枝极少，可用于营造编织柳林；也用于部分替代保存欧洲红皮柳遗传信息。

2396 枝

2396 枝叶

2373 枝

2373 枝叶

2396 叶

（七）二色柳 × 银芽柳

94　2373

2001 年选育，灌木，为二色柳（山东临沭）×银柳（上海）的杂交后代。树皮灰褐色，树干通直；叶片狭长披针形，叶长 13.5～18.9cm，宽 1.7～2.2cm，长／宽为 4.5～9.6。叶缘粗锯齿；叶色中等绿色；叶柄长 1.0cm，绿色；侧脉对数 22～34 对；叶芽浅绿色，枝条绿色。可用于高生物量柳树育种造林材料和育种材料。

2373 花序

2396 全株

2373 叶

2373 全株

（八）二色柳 × 灰柳

95　2679

2005 年选自二色柳（山东临沭）× 灰柳（英国 Long Aston）的杂交后代。灌木，树皮中等绿色，树干通直；叶片披针形，叶长 6.6～10.2cm，宽 2.1～3.3cm，长 / 宽为 2.6～3.8。叶缘粗锯齿；叶色中等绿色；叶柄长 1.1cm，红绿色；托叶 2 片，卵形，侧脉对数 12～17 对；叶芽褐色微红，枝条绿色。

2679 枝

2679 枝叶

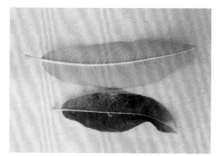

2679 叶

2679 全株

2680 叶

2680 枝叶

2680 花序

96　2680

2005 年选自二色柳（山东）× 灰柳（英国）的杂交后代。树皮中等绿色，柳条细长；叶片狭长披针形，长 10.0～14.6cm，宽 1.0～2.2cm，长 / 宽为 6～10。叶缘细锯齿，叶色黄绿色，叶柄长 0.9cm，黄绿色，侧脉对数 24～34 对；叶芽绿褐，枝条绿色；托叶披针形，2 片。生长较快，可作为抗逆性育种材料。

2680 枝

2680 全株

（九）二色柳 × 耳柳

97　2547

2003 年选自二色柳（山东临沭）× 耳柳（英国 Long Aston）的杂交后代。树皮中等绿色，树干通直；叶片长椭圆状，叶两面近同色，叶长 9.0～14.3cm，宽 2.4～3.9cm，长／宽为 3.5～4.0。叶缘粗锯齿；叶色中等绿色；叶柄长 1.1cm，黄绿色；托叶卵形，2 片；侧脉对数 12～20 对；叶芽褐色微红，枝条绿色。可用于抗逆性柳树品种育种材料。

2547 叶

2547 全株

2547 花序

2547 枝

2547 枝叶

98　2694

2005 年选自二色柳（山东）× 耳柳（英国）的杂交后代。灌木，树皮灰绿色，柳条细长，分枝极少；叶片长披针形，基部宽楔形至圆形，长

2694 枝叶

2694 叶

2694 枝

2694 花序

11.1～18.6cm，宽 1.9～2.8cm，长／宽为 5.3～6.9。叶缘细锯齿，叶色中等绿色，叶柄长 1.7cm，红绿色，侧脉对数 15～34 对；叶芽褐色微红，枝条绿色；托叶卵形，2 片。可用于编织柳林生产，以及育种亲本。

2694 全株

（十）二色柳 × 毛枝柳

99 2690

2690 花序

2005 年选自二色柳（山东）× 毛枝柳（黑龙江）的杂交后代。树赭黄色，枝条细长，分枝少；叶片条形，先端急尖，长 13.2～17.5cm，宽 1.4～2.2cm，长 / 宽为 6.0～11.1。叶缘细锯齿，叶色中等绿色；叶柄长 1.0cm，红绿色，侧脉对数 27～34 对；叶芽绿褐，枝条黄绿色；托叶披针形，2 片。速生，用作高生物量造林材料或育种亲本。

2690 枝叶

2690 叶

2690 枝

（十一）二色柳 × 钻石柳

100 2700

2005 年选自二色柳（山东）× 钻石柳（纽约）的杂交后代。树皮褐绿色，树干通直；叶片长披针形，最宽处位于叶片中部，长 9.2～10.4cm，宽 1.1～1.9cm，长 / 宽为 5.3～8.5。叶缘细锯齿，叶色黄绿色；叶柄长 1.1cm，黄绿色，侧脉对数 24～27 对；叶芽绿褐，枝条绿色。用作抗逆性育种亲本。

2700 叶

2700 枝叶

2700 枝

2700 全株

2690 全株

（十二）钻石柳 × 银芽柳

101 2676

2005 年选自钻石柳（纽约）×银芽柳（南京）的杂交后代。灌木，树皮褐绿色，柳条分枝少；叶片狭长披针形，长 6.4~18.5cm，宽 0.7~1.4cm，长/宽为 9.1~12.8。叶缘细锯齿，叶色中等绿色；叶柄长 0.8cm，绿色，侧脉对数 19~43 对；叶芽绿褐，枝条绿色；托叶披针形，2 片。生长较快，可作为高生物量品种育种材料。

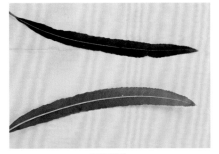

2676 叶

2676 枝叶

2676 枝

2676 全株

102 2654

2005 年选自钻石柳（纽约）×银芽柳（南京）的杂交后代。树皮灰绿，柳条顶端优势强，分枝较少；叶片长椭圆形，先端急尖，长 11.4~12.9cm，宽 3.1~3.4cm，长/宽为 3.4~4.1。叶缘粗锯齿，叶色中等绿色，背面灰白色，叶柄长 0.9cm，红绿色，侧脉对数 15~22 对；叶芽褐色微红，枝条红褐色；托叶卵形，2 片。生长快，可用于高生物量造林材料。

2654 叶

2654 枝

2654 枝叶

2654 全株

（十三）黄花柳 × 杞柳

103 2413

2002 年选自黄花柳（英国）× 杞柳（哈尔滨）的杂交后代，灌木。树皮中等绿色，枝条稍弯；叶片长椭圆形，先端短尾尖，长 8.8～12.2cm，宽 2.2～3.4cm， 长 / 宽 为 3.5～4.1。叶缘粗锯齿，叶色暗绿色，叶柄长 0.8cm，绿色，侧脉对数 14～20 对；叶芽浅绿色，枝条黄绿色。本无性系枝叶含水量大，较耐盐碱，落叶迟；可用于生态景观林。

2413 花序

2413 叶

2413 枝

2413 全株

2413 枝叶

2626 花芽

2626 叶

2626 枝

104 2626

2005 年选自黄花柳（英国 Long Aston）× 杞柳（哈尔滨）的杂交后代。灌木，树皮中等绿色，枝条较长，叶片互生与近对生并存；叶片长椭圆形或倒卵状椭圆形，叶长 6.7～13.3cm，宽 1.9～4.0cm，长 / 宽为 3.2～8.0。叶缘浅锯齿；叶中等绿色，背面灰白色；叶柄长 0.7cm，红绿色；托叶 2 片，卵形，侧脉对数 12～20 对；叶芽绿褐色，枝条绿色。

2626 全株

105 2631

2005年选自黄花柳（英国 Long Aston）×杞柳（哈尔滨）的杂交后代。树皮中等绿色，树干通直；叶片披针形，基部宽楔形，叶长11.2～13.1cm，宽3.1～3.9cm，长/宽为3.0～3.7。叶缘浅粗锯齿；叶色中等绿色；叶柄长1.4cm，黄绿色；托叶卵形，2片；侧脉对数12～18对；叶芽褐色微红，枝条绿色。可用于园林绿化造林材料或耐寒杂交亲本。

2631 枝叶

2631 全株

2631 叶

2631 枝

2631 花序

（十四）欧洲红皮柳 × 黄花柳

106 2646

2005年选自欧洲红皮柳（英国）×黄花柳（英国）的杂交后代。灌木，树皮中等绿色，冬季红褐色，柳条分枝少；叶片稍显倒卵状披针形，两面近同色，叶缘浅波状扭曲，长5.6～12.8cm，宽1.3～2.9cm，长/宽为3.2～4.7。叶缘粗锯齿，叶色中等绿色，叶柄长0.9cm，红绿色，侧脉对数10～17对；叶芽褐色微红，枝条绿色；托叶2片，卵形。用作抗逆性育种亲本。

2646 枝叶

2646 叶

2646 枝

2646 全株

（十五）蒿柳 × 杞柳

107 **2328**

2001 年选育，为蒿柳（英国 Long Aston）× 杞柳（哈尔滨）的杂交后代。雌株。树皮中等绿色，树干通直，叶片线状披针形，叶长 7.7～17.5cm，宽 1.2～1.9cm，长 / 宽为 5.8～9.7。叶缘浅波状锯齿；叶色黄绿色；叶柄长 0.7cm，黄绿色；托叶 2 片，侧脉对数 19～41 对；叶芽浅绿色，枝条绿色。可用于耐寒、速生品种的亲本材料。

2328 全株

（十六）欧洲红皮柳 × 欧洲红皮柳

108 **2521**

灌木，雌株。干较弯曲，主梢中上部枝红褐色，干淡紫色向基部逐渐变浅；主梢花芽红色，花量少，苞片淡粉红色，成熟后苞片上部变为黑色；侧枝分枝角中等，侧枝少，叶长 10.2～17.6cm，叶宽 0.8～1.3cm，叶长 / 宽为 10.2～16.0，叶互生，最宽处在叶片中部，基部窄楔形，基部无腺点，叶线形，叶缘细锯齿，叶正面中等绿色，叶上表面被毛少，叶下表面及叶脉被柔毛；叶柄长 0.7cm，叶柄上表面黄绿色；托叶长披针形，长 1.0cm。

2328 枝叶

2328 叶

2328 枝

2328 花序

2521 花序

2521 叶片

2521 果序和枝叶

2521 盛花期

2521 全株

2521 分枝

三、乔木柳与灌木柳种间杂种无性系

（一）垂柳 × 二色柳

109 **833**

1985 年选自垂柳（南京东善桥）× 二色柳（新疆察布查尔）人工杂交子代。干型直立，树皮灰绿色，枝条绿色；一年生扦插苗冠幅 1.0m×1.0m。叶片披针形，中等绿色；长 11.7～12.5cm，宽 1.9～2.2cm，长／宽为 5.7～6.4。叶缘细锯齿，侧脉对数 20 对左右；叶基部宽楔形至钝圆，无腺点。叶柄绿色，长 0.6cm。托叶耳形，2 片。叶芽浅绿色，长 0.1cm。可用作抗逆性、高生物量品种育种材料。

833 叶

833 枝叶

833 枝

833 全株

（二）垂柳 × 杞柳

110 **2854**

垂柳（南京东善桥）× 杞柳（哈尔滨）的杂交后代。小乔木。树皮灰绿色，树干稍弯；叶片长披针形，叶长 7.8～12.1cm，宽 1.8～2.2cm，长／宽为 4.3～9.6。叶缘粗锯齿，叶色黄绿色；叶柄长 0.9cm，黄绿色；侧脉对数 18～26 对；叶芽浅绿色，枝条绿色。

2854 叶

2854 枝

2854 枝叶

2854 全株

111　2855

　　垂柳（南京东善桥）× 杞柳（哈尔滨）的杂交后代。乔木。树皮褐绿色，树干稍弯，分枝细长；叶片长披针形，叶长 9.5～13.6cm，宽 1.3～2.2cm，长 / 宽 为 4.9～8.2。叶缘粗锯齿，叶色中等绿色；叶柄长 1.0cm，红绿色；侧脉对数 17～28 对；叶芽绿褐色，枝条黄绿色。可用作景观生态品种造林或育种材料。

2855 枝

2855 全株

2855 枝叶

2855 叶

（三）复合杂种无性系

112　2555

　　2005 年选自 [簸箕柳（江苏如皋）× 蒿柳（英国 Long Aston）]× 银柳（上海）的杂交后代。灌木，树皮中等绿色，树干通直；叶片长披针形，叶长 13.1～22.5cm，宽 1.4～2.5cm，长 / 宽 为 8.2～10.6。叶缘细锯齿；叶色中等绿色；叶柄长 0.9cm，黄绿色；托叶卵形，2 片；侧脉对数 31～48 对；叶芽绿褐色，枝条绿色。生物量较大，可用于高生物量育种亲本。

2555 叶

2555 果序

2555 枝

2555 枝和新发叶

2555 全株

113

2560

2005 年选自 [簸箕柳（山东临沭）× 蒿柳（英国 Long Aston）] × 黄花柳（英国 Long Aston）的杂交后代。灌木，树皮褐色，枝条通直，叶密生；叶阔披针形，基部圆形，先端尾尖，叶长 13.4～15.5cm，宽 3.1～3.7cm，长 / 宽为 4.0～4.7。叶缘细锯齿；叶色黄绿色；叶柄长 1.9cm，黄绿色；托叶明显，卵形，2 片；侧脉对数 17～23 对；叶芽绿褐色，枝条绿色。用作抗逆性育种亲本。

2560 叶

2560 枝

2560 枝叶

2560 全株

2562

2005 年选自簸箕柳 [（山东临沭）× 蒿柳（英国 Long Aston）] × 黄花柳（英国 Long Aston）的杂交后代。灌木，树皮褐绿色，枝条通直，分枝较少；叶片长椭圆状，叶背嫩绿，叶长 13.6～18.3cm，宽 4.2～5.6cm，长 / 宽为 3.0～4.0。叶缘粗锯齿；叶色中等绿色；叶柄长 1.6cm，红绿色；托叶 2 片，卵形；侧脉对数 14～19 对；叶芽褐色微红色，枝条绿色。为优良杂交亲本，用作抗逆性品种育种资源。花芽大而均匀，可用于银芽柳种植。

2562 枝

2562 叶

2562 枝叶

2562 全株

115　2569

2005 年选自 [簸箕柳（江苏）×蒿柳（英国）]× 黄花柳（英国）的杂交后代。灌木，树皮褐绿色，柳条分枝多；叶片椭圆形，先端急尖，长7.2~9.4cm，宽 2.1~3.1cm，长 / 宽为 2.7~3.9。叶缘锯齿粗大，叶色中等绿色，叶柄长 0.8cm，红绿色，侧脉对数 10~16 对；叶芽褐色微红，枝条绿色；托叶 2 片，披针形。生长较快，可用作抗逆性杂交亲本。

2569 枝叶

2569 叶

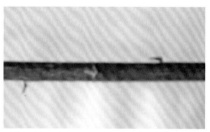

2569 枝

2569 全株

116　2577

2005 年选自 [二色柳（山东临沐）× 簸箕柳（江苏如皋）]× 蒿柳（英国 Long Aston）的杂交后代。灌木，树皮中等绿色，树干通直；叶片长披针形，叶长 6.8~18.9cm，宽0.7~2.0cm，长 / 宽 为 8.5~11.5。叶缘粗锯齿；叶色中等绿色；叶柄长0.87cm，黄绿色；托叶 2 片，披针形；侧脉对数 15~27 对；叶芽浅绿色，枝条黄绿色。可用于抗逆性、速生品种育种材料。

2577 叶

2577 全株

2577 枝

2577 枝叶

2577 花序

117 31-22

1987 年选自簸箕柳 × （白杞柳 × 簸箕柳）的杂交后代。灌木，树皮褐绿色，柳条细长，分枝较少；叶片长披针形，先端长渐尖，基部楔形，叶长 7.7～10.6cm，宽 1.2～1.5cm，长/宽为 5.9～7.4。叶缘细锯齿，叶色中等绿色，叶柄长 1.1cm，黄绿色，侧脉对数 17～29 对；叶芽绿褐色，枝条黄绿色；托叶披针形，2 片。

31-22 叶

2829 枝叶

31-22 枝

31-22 全株

2829 叶

2829 枝

118 2829

垂柳(南京东善桥) × [二色柳(山东临沭) × 欧洲红皮柳（英国 Long Aston）] 的杂交后代。乔木。树皮灰绿色，树干通直，分枝少而细小，叶片长披针形，叶长 6.0～8.8cm，宽 1.1～1.6cm，长/宽为 5.3～6.6。叶缘粗锯齿，叶色黄绿色；叶柄长 0.6cm，黄绿色；侧脉对数 12～17 对；叶芽浅绿色，枝条绿色。可用作抗逆性品种育种材料。

31-22 枝叶

2829 全株

119 **2830**

垂柳（南京东善桥）与 [二色柳（山东临沭）× 欧洲红皮柳（英国 Long Aston）] 的杂交后代。灌木。树皮灰绿色，枝条细长柔软；叶片长披针形，叶长 8.7～11.1cm，宽 1.0～2.2cm，长 / 宽为 6.8～8.9。叶缘细锯齿，叶色中等绿色；叶柄长 0.7cm，黄绿色；侧脉对数 12～15 对；叶芽浅绿色，枝条绿色。可用于编织柳造林或作育种材料。

2830 枝

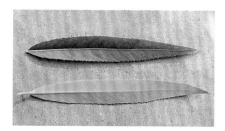

2830 叶

2830 枝叶

2830 全株

120 **2831**

垂柳（南京东善桥）× [二色柳（山东临沭）× 欧洲红皮柳（英国 Long Aston）] 的杂交后代。乔木。树皮褐绿色，树干通直；叶片长披针形，叶长 12.1～16.8cm，宽 1.7～2.3cm，长 / 宽为 5.5～7.7。叶缘粗锯齿，叶色浅绿色；叶柄长 1.1cm，黄绿色；托叶无；侧脉对数 19～27 对；叶芽绿褐色，枝条黄绿色。可用作景观生态品种造林或育种材料。

2831 全株

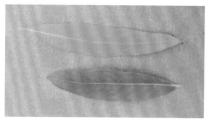

2831 叶

2831 枝

2831 枝叶

四、柳属与钻天柳属属间杂种无性系

钻天柳 × 垂柳

S. chosenia arbutifolia × S. babylonica

121 2744

2007 年选自钻天柳（黑龙江）×垂柳（四川成都）的人工杂交种，乔木。树皮黄色，树干通直；叶片长披针形，基部楔形，长 10.5~12.0cm，宽 1.2~1.4cm，长/宽为 7.5~9.9。叶缘细锯齿状，初生叶为暗绿色，叶柄长 1cm，黄绿色，无托叶，侧脉对数为 11~13 对；叶芽中等绿色，枝为黄绿色。

2744 枝叶

122 2745

2007 年选自钻天柳（黑龙江）×垂柳（四川成都）的人工杂交种，乔木。树皮灰褐色，树干通直；叶片披针形，基部楔形，长 10.4~12.0cm，宽 1.5~1.8cm，长/宽为 5.8~8.0。叶缘细锯齿状，初生叶为暗绿色，叶柄长 0.9cm，黄绿色，托叶 2 片，侧脉对数为 9~12 对；叶芽绿褐色，枝为灰绿色。

2744 枝

2744 叶

2745 叶

2745 枝

2745 枝叶

123 2755

2007 年选自钻天柳（黑龙江）×垂柳（云南昆明）的人工杂交种，乔木。树皮灰绿色，树干通直；叶片长披针形，基部楔形，长 10.8～15.5cm，宽 1.4～1.6cm，长 / 宽为 7.5～10.8。叶缘细锯齿状，初生叶为暗绿色，叶柄长 0.9cm，黄绿色，无托叶，侧脉对数为 12～14 对；叶芽绿褐色，枝为灰绿色。

2755 枝

2755 叶

2755 枝叶

124 2792

2007 年选自钻天柳（黑龙江）×垂柳（云南昆明）的人工杂交种，乔木。树皮褐绿色，树干通直；叶片披针形，基部楔形，长 3.5～6.2cm，宽 0.7～1.1cm，长 / 宽为 3.5～8.8。叶缘粗锯齿状，初生叶为浅绿色，叶柄长 0.3cm，黄绿色，无托叶，侧脉对数为 7～8 对；叶芽中等绿色，枝为灰绿色。

2792 枝

2792 叶

2792 枝叶

参考文献
References

Alstrom-Rapaport C, Lascoux M. Wang YC, et al. 1998. Identification of a RAPD marker linked to sex determination in the basket willow (Salix viminalis L.). J Heredity, 89:44–49.

Aravanopoulos FA, Kim KH, Zsuffa L. 1999. Genetic diversity of superior Salix clones selected for intensive forestry plantations. J Plant Phys, 4: 249-255.

Barcaccia G, Meneghtt S, Albertini E, et al. 2003.Linkage mapping in teraploid willow:segregation of molecular markers and estimation of linkage phase support alloteraploid structure for Salix alba x Salix fragilis interspecific hybrids. Heredity, 90:169-180.

Barcaccia PP, Lucchin M. 2000. Investigating genetic and molecular relations among Salix species belonging to section fragile.Monti E Boschi, 51:52-58.

Barker JHA, Pahlich A, Trybush S. 2003. Microsatellite markers for diverse Salix species. 3:4–6.

Beismann H, Barker JHA, Karp AT. 1997. AFLP analysis sheds light on distribution of two Salix species and their hybrid along a natural gradient. 6:989–993.

Berlin S, Lagercrantz U, von Arnold S, et al. 2010. High-density linkage mapping and evolution of paralogs and orthologs in Salix and Populus. BMC Genomics, 11:129.

Douhovnikoff V, Dodd RS. 2003. Intra-clonal variation and a similarity threshold for identification of clones: application to Salix exigua using AFLP molecular markers. Theor Appl Genet, 106:1307-1315.

Gunter LE, Roberts GT, Lee K, et al. 2003. The development of two flanking SCAR markers linked to a sex determination locus in Salix viminalis L.J Hered, 94:185-189.

Hanley S, Barker JHA, van Ooijen JW, et al. 2002. A genetic linkage map of willow (Salix viminafis) based on AFLP and microsatellite markers. Theor Appl Genet, 105:1087-1096.

Hanley S, Mallott MD, Karp A. 2006.Alignment of a Salix linkage map to the Populus genomic sequence reveals macrosynteny between willow and poplar genomes. Tree Genet Genomes, 3: 35-48.

Harding TM,Brunsfeld SJ,Fritz RS. 2000. Morphological and molecular evidence for hybridization and introgression in a willow (Salix) hybrid zone. Mol Ecol, 9:9-24.

Kopp RF, Smart LB, Maynard CA, et al. 2002. Predicting within-family variability in juvenile height growth of Salix based upon similarity among parental AFLP fingerprint. Theor Appl Genet, 105:106-112.

Lian C, Nara K, nakaya H, et al. 2001. Development of microsatellite markers in polyploid salix reinii. Mol eco notes, 1:160-161.

Lian C, Oishi R, Migashita N, et al. 2003. Genetic structure and reproduct dynamics of S. renii during primary succession on Mount Fuji, as revealed by nuclear and chloroplast microsatellite analysis. Mol Ecol, 12:609-618.

Meneghettia S, Barcacciaa G, Paierob P, et al. 2007. Genetic characterization of Salix alba L. and Salix fragilis L. by means of different PCR-derived marker systems. 141:283-291.

Nabha SM, Mohammad RM, Dandashi MH, Gerard BC, Aboukameel A, Pettit GR, Al-Katib AM. 2002. Combretastatin-A4 prodrug induces mitotic catastrophe in chronic lymphocytic leukemia cell line independent of caspase activation and poly (ADP-ribose) polymerase cleavage. Clinical cancer Research, 8(8):2735–2741.

Palme AE, Semerikov V, Lascoux M. 2003. Absence of geographical structure of chloroplast DNA variation in sallow Salix caprea L. Heredity, 91:465:474.

Rönnberg-Wästljung AC, Samils B, Tsarouhas V, et al. 2008. Resistance to Melampsora larici-epitea leaf rust in Salix: analyses of quantitative trait loci. J Appl Genet 49 (4): 321–331.

Rönnberg-Wistljung AC, Ahman I, Glynn C, et al. 2006. Quantitative trait loci for resistance to herbivores in willow: field experiments with varying soils and climates. Entomol Exp Appl, 118: 163-174.

Rönnberg-Wistljung AC, Glynn C, Weih M. 2005. QTL

analyses of d rought tole rance and g rowth for a Salix dasyclados x Salix viminalis hybrid in contrasting water regimes. Theor Appl Genet, 110:537-549.

Rönnberg-Wistljung AC, Tsarouhas V, Semerikov V, et al. 2003. A genetic linkage map of a tetraploid Salix viminalis x S.dasyclados hybrid based on AFLP markers. Forest Genet, 10: 185-194.

Rönnberg-Wistljung AC. 2001. Genetic structure of growth and phonological traits in Salix viminalis. Can J For Res 31:276–282.

Semerikov V, Lagarcrantz U, Tsarouhas-Wastljung A, et al. 2003. Genetic mapping of sex-linked markers in Salix viminalis L. Heredity, 91:293-299.

Thibault J. 1998. Nuclear DNA amount in pure species and hybrid willows（Salix）: a flow cytometric investigation. Can J Bot, 76（1）:157-165.

Triest L. 2001. Hybridizatin in staminate and pistillate Salix alba and S. fragilis（Salicaceae）:morphology versus RAPDs. Plant Syst Evol, 226:143-154.

Tsarouhas V, Gullbarg V, Lagarcrantz V. 2002. An AFLP and RFLP linkage map and quantitative trait locus（QTL） analysis of growth traits in Salix. Theor Appl Genet, 105:277-288.

Tsarouhas V, Gullbarg V, Lagercrantz V. 2003. Mapping of quantitative trait loci controlling timing of bud flush in Salix. Hereditas, 138:172-178.

Tsarouhas V, Gullbarg V, Lagercrantz V. 2004. Mapping of quantitative trait loci（QTLs）afecting autumn freezing resistance and phenology in Salix. Theor Appl Genet, 108:1335-1342.

Waih M, Rönnberg-Wistljung AC, Glynn C. 2006. Genetic basis of phenotypic correlations among growth traits in hybrid willow（Salix dasyclados × S. viminalis）grown under two water regimes. New Phytol, 170:467-477.

陈家辉，孙航，杨永平．2008. 柳属的分枝系统学分析，云南植物研究 [J]．，30（1）:1~7

丁托娅 .1995. 世界杨柳科植物的起源分化和地理分布 [J]. 云南植物研究 .17（3）:277-290

刘恩英，王源秀，徐立安，等．2011. 基于 SSR 和 SRAP 标记的簸箕柳 × 绵毛柳遗传框架图．47（5）:23-30.

潘明建，涂忠虞．1997. 柳树纤维性状遗传变异的研究．江苏林业科技 [J]. 24（1）:14-21.

施士争，潘明建，张珏，等．2010. 高生物量灌木柳无性系的选育研究 [J]. 西北林学院学报，25（2）:61-66.

施翔，陈益泰，段红平．杞柳对水中 2,4- 二氯苯酚的降解 [J]. 生态环境，2008，17（2）:500-502.

涂忠虞，等．1989. 簸杞柳 Jw8-26 及杞簸柳 Jw9-6 新无性系选育 [J]. 江苏林业科技，（4）:1-8.

涂忠虞，潘明建，张日连，等．1983. 柳树速生无性系 J1-75 及 J4-75 的选育 [J]. 江苏林业科技，（1）:1-8.

涂忠虞．1982. 柳树育种与栽培 [M]. 南京：江苏科学技术出版社．

王宝松，涂忠虞．1998. 柳树矿柱材优良无性系选育 [J]. 江苏林业科技，25（3）:1-5.

王宝松，潘明建，郭群，等．2002. 乔木柳纸浆用材优良无性系的选育 [J]. 江苏林业科技，29（4）:1-8.

王源秀．2004. 杞柳和簸箕柳 SSR 指纹图谱构建及遗传多样性分析 [D]. 南京林业大学．

杨卫东，陈益泰．垂柳对镉吸收、积累与耐性的特点分析 [J]. 南京林业大学学报 (自然科学版)，2009，33（5）:17-20.

张继明，张彩军，郭俊．2001. 柳树杂交育种研究 [J]. 内蒙古林业科技 [J]，（2）:9-13.

郑纪伟．2013. 柳树转录组高通量测序及 SSR 标记开发研究 [D]. 南京林业大学．张继明，张彩军，郭俊．2001. 柳树杂交育种研究 [J]. 内蒙古林业科技，（2）:9-13.

中国柳树资源中文名称索引

1047 / 223

1057 / 207

1060 / 187

152 / 181

17 / 212

2058 / 201

2078 / 188

2089 / 209

2136 / 202

2145 / 192

219 / 182

2198 / 188

2199 / 189

2216 / 202

2305 / 193

2321 / 211

2328 / 233

2373 / 226

2376 / 220

2381 / 220

2396 / 226

2413 / 231

2427 / 210

2453 / 210

2457 / 211

2468 / 195

2480 / 212

2487 / 223

2499 / 216

2521 / 233

2533 / 217

2535 / 218

2547 / 228

2555 / 235

2560 / 236

2562 / 236

2569 / 237

2577 / 237

2599 / 224

2602 / 225

2626 / 231

2631 / 232

2646 / 232

2654 / 230

2656 / 218

2659 / 225

2669 / 222

2676 / 230

2679 / 227

2680 / 227

2683 / 221

2687 / 219

2688 / 219

2690 / 229

2694 / 228

2700 / 229

2702 / 221

2703 / 193

2705 / 194

2707 / 194

2708 / 194

2709 / 195

2712 / 195

2742 / 213

2744 / 240

2745 / 240

2755 / 241

2787 / 213

2792 / 241

281 / 182

2826 / 217

2828 / 203

2829 / 238

283 / 183

2830 / 239

2831 / 239

2832 / 189

2837 / 190

2842 / 190

2843 / 191

2849 / 191

2850 / 192

2854 / 234

2855 / 235

287 / 183

31-22 / 238

322 / 184

354 / 196

358 / 214

383 / 197

391 / 184

424 / 198

483 / 198

50-6 / 222

549 / 215

565 / 215

577 / 184

597 / 198

598 / 199

684 / 216

699 / 199

71 / 181

736 / 200

742 / 196

743 / 200

744 / 214

755 / 201

760 / 203

777 / 204

785 / 204

791 / 205

792 / 205

801 / 192

833 / 234

856 / 206

862 / 206

865 / 207

922 / 185

924 / 185

928 / 186

930 / 186

A

阿根廷柳 P154 / 147

B

白柳 P416 / 101

白柳 P546 / 144

白柳 P551 / 144

北沙柳 P485 / 115

渤海柳 1 号 / 160

渤海柳 2 号 / 161

渤海柳 3 号 / 162

簸箕柳 P1024 / 110

簸箕柳 P1025 / 111

簸箕柳 P61 / 110

簸杞柳 JW8-26 / 164

C

朝鲜柳 P150 / 146

长蕊柳 P833 / 106
垂白柳 P118 / 147
垂爆 109 柳 / 158
垂柳 P1 / 89
垂柳 P11 / 90
垂柳 P13 / 90
垂柳 P14 / 91
垂柳 P159 / 93
垂柳 P164 / 94
垂柳 P165 / 94
垂柳 P177 / 95
垂柳 P185 / 95
垂柳 P19 / 91
垂柳 P22 / 92
垂柳 P23 / 92
垂柳 P344 / 96
垂柳 P439 / 96
垂柳 P514 / 97
垂柳 P516 / 97
垂柳 P531 / 98
垂柳 P788 / 98
垂柳 P789 / 99
垂柳 P790 / 99
垂柳 P791 / 100
垂柳 P8 / 89
垂柳 P815 / 100
垂柳 P843 / 101
垂柳 P95 / 93

E

E84-1 / 208
E84-10 / 208
E84-7 / 208
二色柳 P294 / 112

F

'Fish Creek' / 150
粉枝柳 P625 / 143

H

旱布 329 柳 / 159

旱快柳 / 163
旱柳 P16 / 69
旱柳 P168 / 77
旱柳 P174 / 77
旱柳 P188 / 78
旱柳 P192 / 78
旱柳 P193 / 79
旱柳 P259 / 79
旱柳 P29 / 69
旱柳 P30 / 70
旱柳 P306 / 80
旱柳 P31 / 70
旱柳 P32 / 71
旱柳 P33 / 71
旱柳 P34 / 72
旱柳 P35 / 72
旱柳 P37 / 72
旱柳 P42 / 73
旱柳 P424 / 80
旱柳 P426 / 81
旱柳 P44 / 74
旱柳 P443 / 81
旱柳 P45 / 74
旱柳 P456 / 82
旱柳 P457 / 82
旱柳 P48 / 75
旱柳 P57 / 75
旱柳 P58 / 76
旱柳 P89 / 76
蒿柳 P681 / 126
蒿柳 P683 / 126
蒿柳 P689 / 127
蒿柳 P696 / 127
黑柳 P428 / 145
黑柳 P468 / 145
黑柳 P728 / 146
红叶柳 / 179
花叶柳 'Tu Zhongyu' / 179
黄花柳 P585 / 128
黄花柳 P588 / 128
黄花柳 P589 / 129

黄花柳 P594 / 129
灰柳 P605 / 130
灰柳 P936 / 130

J

金丝垂柳 J1010 / 173
金丝垂柳 J1011 / 173
卷边柳 P286 / 115

K

康定柳 P751 / 108

L

龙爪柳 P505 / 86
龙爪柳 P506 / 86
龙爪柳 P511 / 87
龙爪柳 P520 / 87
龙爪柳 P521 / 88
龙爪柳 P54 / 85
龙爪柳 P832 / 88

M

馒头柳 P442 / 83
馒头柳 P449 / 84
馒头柳 P460 / 84
馒头柳 P497 / 85
馒头柳 P52 / 83
毛枝柳 P126 / 114
毛枝柳 P601 / 131

N

南京柳 P1039 / 102

O

'Onondaga' / 151
'Otisco' / 151
欧洲红皮柳 P625 / 118
欧洲红皮柳 P651 / 118
欧洲红皮柳 P652 / 119
欧洲红皮柳 P653 / 119
欧洲红皮柳 P655 / 120

欧洲红皮柳 P657 / 120
欧洲红皮柳 P658 / 121
欧洲红皮柳 P661 / 121
欧洲红皮柳 P666 / 122
欧洲红皮柳 P667 / 122
欧洲红皮柳 P671 / 123
欧洲红皮柳 P674 / 123
欧洲红皮柳 P675 / 124
欧洲红皮柳 P677 / 124
欧洲红皮柳 P678 / 125
欧洲红皮柳 P708 / 125

P

PM76 / 141
PM77 / 141
PM78 / 142
PM79 / 142
PM80 / 143

Q

杞簸柳 JW9-6 / 164
杞柳 '红头' / 170
杞柳 '丽白' / 169
杞柳 '紫皮' / 171
杞柳 P63 / 112
杞柳 P646 / 139
青竹柳 / 157

R

瑞能 4 / 172
瑞能 C / 172
瑞能 D / 172
瑞能 E / 172
瑞能 G / 172
瑞能 I / 172

S

'S25' / 149
'SV1' / 148
'SX61' / 148
'SX64' / 150

'SX67' / 150

三蕊柳 P105 / 116

沙柳'旱沙王' / 168

山东 12 号 / 163

山东 16 号 / 163

山东 4 号 / 163

山东 6 号 / 163

山东 9901 / 163

苏柳'瑞雪' / 178

苏柳'喜洋洋' / 176

苏柳'雪绒花' / 177

苏柳'迎春' / 177

苏柳'紫嫣' / 179

苏柳 1701 / 165

苏柳 1702 / 165

苏柳 1703 / 166

苏柳 1704 / 166

苏柳 1705 / 167

苏柳 172 / 153

苏柳 194 / 153

苏柳 485 / 154

苏柳 795 / 154

苏柳 797 / 155

苏柳 799 / 156

苏柳 932 / 156

W

乌柳 P752 / 108

X

细柱柳 P642 / 140

细柱柳 P643 / 140

腺柳 P196 / 102

腺柳 P935 / 103

腺柳 P942 / 104

新紫柳 P343 / 106

Y

盐柳 5 号 / 163

银芽柳 J1037 / 174

银芽柳 J1050 / 175

银芽柳 J1052 / 175

银芽柳 J1055 / 176

银芽柳 J887 / 174

银芽柳 P101 / 113

银芽柳 P102 / 113

银芽柳 P103 / 114

银叶柳 P384 / 109

Z

紫柳 P880 / 105

紫柳 P92 / 104

紫柳 P94 / 105

钻石柳 P715 / 131

钻石柳 P716 / 132

钻石柳 P717 / 132

钻石柳 P718 / 133

钻石柳 P719 / 133

钻石柳 PE48 / 134

钻石柳 PE50 / 134

钻石柳 PE51 / 135

钻石柳 PE53 / 135

钻石柳 PE54 / 136

钻石柳 PE55 / 136

钻石柳 PE56 / 137

钻石柳 PE57 / 137

钻石柳 PE58 / 138

钻石柳 PE60 / 138

钻石柳 PE61 / 139

钻天柳 P69 / 116

左旋柳 P845 / 107